內容提要

AI 繪畫真的很香，可是關鍵字到底應該怎麼寫呢？對於很多愛好這一新奇技術的讀者來說，苦於頭腦中缺乏相關詞彙，為了幫助大家便捷地使用 AI 繪畫關鍵字，本書整理了一些當下流行的 AI 繪畫關鍵字和較全面的關鍵字使用教程，按照人物類型、人物細節、面部細節、人物服飾和人物動作進行分類，每個分類下都詳細講解了此類關鍵字的英文名稱、含義、圖片效果示例、重點詞語等。有效地掌握這些關鍵字，並且靈活地應用到 AI 繪畫中，那麼你就已經能夠妙語生畫了！

本書使用說明

❶ 序號　每個章節依次排列的序號。

❷ 名稱　每個章節的名稱。

❸ 導語　以簡潔的文字概要地介紹本章節的核心內容。

❹ 內容介紹　詳細介紹章節包含的內容。

❺ 詞語名稱　每個詞語的中文和英文名稱。

❻ 圖片效果　輸入該詞語會出現的相關圖片效果。

❼ 詞語解析　講解每個詞語包含的意義。

❽ 提示詞　達到圖片效果所需的完整關鍵字。

❾ 重點詞語　關鍵字中的重點詞語用紅色標記出來，讓讀者一目了然。

❿ 頁碼　每一頁面上標明次序的數字，可供讀者進行檢索。

關鍵字使用方法

Stable Diffusion 模型(ckpt)

Anything-V3.0.ckpt [8712e20a5d] ❶

模型的 VAE (SD VAE)

None

Clip 跳过层

文生图 图生图 附加功能 图片信息 模型合并 训练 Animator Ebsynth Utility 3D Openpose 可选附

模型格式转换 数据集标签编辑器 Depth Tag反推(Tagger) 设置 扩展

提示词（按 Ctrl+Enter 或 Alt+Enter 生成） ❷

Prompt

0/75

反向提示词（按 Ctrl+Enter 或 Alt+Enter 生成） ❸

Negative prompt

0/75

采样迭代步数(Steps) 20

采样方法(Sampler)

Euler a / Euler / LMS / Heun / DPM2 / DPM2 a

DPM++ 2S a / DPM++ 2M / DPM++ SDE / DPM++ 2M SDE / DPM fast

DPM adaptive / LMS Karras / DPM2 Karras / DPM2 a Karras

DPM++ 2S a Karras / DPM++ 2M Karras / DPM++ SDE Karras

DPM++ 2M SDE Karras / DDIM / PLMS / UniPC

面部修复 平铺/分块 (Tiling) 高清修复

宽度 512 生成批次 1

❹

高度 512 每批数量 1

提示词相关性(CFG Scale) 7

随机种子(seed)

-1

保存 Zip

❶	模型庫	根據需求選擇相應風格的模型庫。
❷	正向提示詞	用文字（英文單詞）描述想要生成的畫面內容。
❸	反向提示詞	用文字（英文單詞）描述不想要生成的畫面內容。
❹	圖片調整	調整生成圖片的大小和批次數量。
❺	生成圖片	點擊“生成”按鈕即可得到生成的圖片。

图库浏览器

生成 5

>> 局部重绘

>> 附加功能

關鍵字基礎範本

使用英文單詞更有效，單詞之間使用英文半形狀態下的逗號（,）作為間隔，逗號前後帶空格不影響關鍵字輸入，出圖整體風格與使用的模型庫相關（偏照片、寫實或動漫風格）。

基礎的關鍵字範本由以下幾部分組成。

關鍵字分隔：使用英文逗號 , 可以分隔不同的關鍵字 tag。除此之外，空格和換行等不影響 tag 分隔

正向提示詞格式參考：

4k,best quality,	princess,full body,	1girl,smile,	white background
畫質	主體內容	附加內容	風格與效果
用於提升或保持畫面的整體品質	描述畫面的主體部分	與畫面主體有關的設定，可以讓畫面主體內容更加完善和豐富	畫面的整體風格，包括畫風、媒介、效果等，用於進一步完善畫面的整體效果

反向提示詞格式參考：

nsfw,	bad hands fingers,	low quality
不良資訊	主體反向內容	語義失衡
遮罩色情暴力資訊	對整體品質與畫面主體內容相關的反向提示	避免出圖產生額外干擾資訊

關鍵字語法

權重調整： 權重會影響生成圖片和關鍵字的聯繫度，預設的單詞順序會影響權重，單詞順序越往後，權重越低；可以通過 ( ) 加重權重，通過 [ ] 減輕權重。

要素混合： 將 | 加在多個關鍵字之間，可以實現多個要素的混合。

目錄
CONTENTS

人物類型

第1章

人物的類型可以說是多種多樣，每個人物都有其獨特的個性和特點，從而形成了不同的類型。通過這些類型，我們可以更好地理解人物設定。不同類型的人物表現也各不相同，從而傳達出不同的個性和特點。

1.1 人物分類

通常根據某種分類標準將人物分為不同的類型，這些類型可以基於多種特徵，包括性別、年齡、關係、屬性等。人物類型可以幫助我們更好地理解和描述不同人群的特徵。

性別

性別是人類這種生物體最基本的分類特徵。通常，人物性別被分為男性和女性兩種。

年齡

年齡通常是指一個人從出生時起到計算時為止生存的時間長度，用歲來表示。

關係

關係是指人與人、人與物或人與環境之間的連接與互動。它描述了個體之間的聯繫和依存關係，以及彼此之間的影響和相互作用方式。

屬性

屬性是指某個事物或物件所具有的特性或特徵。它描述了事物的固有屬性、特點或狀態，用於區分和定義事物的不同方面。

女人 female

詞語解析： 女人是指生理上的雌性人類，與生理上的雄性人類即男人相對應

提示詞： 4k,best quality,masterpiece,female,full body,smile

男人 male

詞語解析： 男人是指生理上的雄性人類，與生理上的雌性人類即女人相對應

提示詞： 4k,best quality,masterpiece,male,full body,smile

單人 solo

詞語解析： 單人是指單獨一個人的意思

提示詞： 4k,best quality,masterpiece,solo,full body,school uniform,smile

1 個女孩 1girl

詞語解析： 1 個女孩是指一名年輕的女性，通常是指出生後到青春期前這個年齡段的女性

提示詞： 4k,best quality,masterpiece,1girl,full body,smile

2 個女孩 2girls

詞語解析： 2 個女孩是指兩名年輕的女性

提示詞： 4k,best quality,masterpiece,2girls,full body,smile

多個女孩 multiple_girls

詞語解析： 多個女孩是指多名年輕的女性，人數往往多於兩人

提示詞： 4k,best quality,masterpiece,multiple_girls,full body,smile

1 個男孩 1boy

詞語解析： 1 個男孩是指一名年輕的男性，通常是指出生後到青春期前這個年齡段的男性

提示詞： 4k,best quality,masterpiece,1boy,full body,smile

2 個男孩 2boys

詞語解析： 2 個男孩是指兩名年輕的男性

提示詞： 4k,best quality,masterpiece,2boys,full body,smile

多個男孩 multiple_boys

詞語解析： 多個男孩是指多名年輕的男性，人數往往多於兩人

提示詞： 4k,best quality,masterpiece,multiple_boys,full body,smile

幼童 toddler

詞語解析： 幼童一般是指年齡在 0 到 2 歲之間的兒童，這個年齡段也被稱為“幼兒期”

提示詞： 4k,best quality,masterpiece,toddler,full body,smile

未成年 underage

詞語解析： 未成年是指年齡未滿 18 歲的人

提示詞： 4k,best quality,masterpiece,**underage**,full body,smile

青年 teenage

詞語解析： 青年一般是指 15~24 歲這個年齡段的人群

提示詞： 4k,best quality,masterpiece,**teenage**,full body,smile

大叔 bara

詞語解析： 大叔是指年齡較大、已經進入中年的男性

提示詞： 4k,best quality,masterpiece,**bara**,full body,smile

熟女 mature_female

詞語解析： 熟女是指已經成年、有著成熟魅力和豐富經驗的女性

提示詞： 4k,best quality,masterpiece,**mature_female**,full body,smile

老年 old

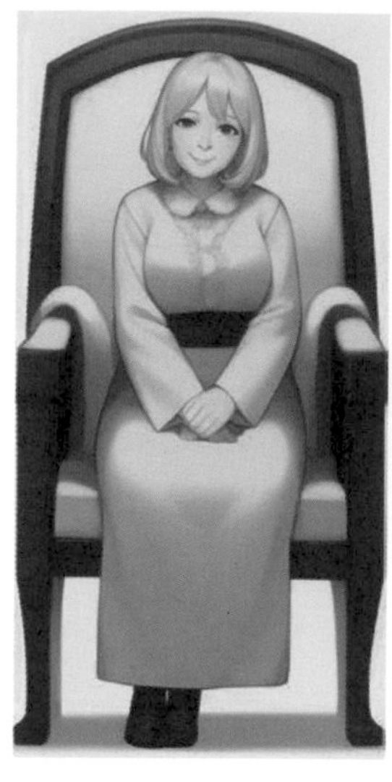

詞語解析： 老年是指年齡較大、身體機能逐漸衰退的人

提示詞： 4k,best quality,masterpiece,old,full body,smile

姐妹 sisters

詞語解析： 姐妹是指有著血緣關係的親姐妹

提示詞： 4k,best quality,masterpiece,sisters,full body,smile

兄弟姐妹 siblings

詞語解析： 兄弟姐妹是指同一個父母所生的、具有血緣關係的兄弟姐妹

提示詞： 4k,best quality,masterpiece,siblings,full body,smile

夫妻 husband and wife

詞語解析： 夫妻是指基於婚姻而形成的男女之間的伴侶關係

提示詞： 4k,best quality,masterpiece,husband and wife,full body,smile

母子 mother and son

詞語解析： 母子是指生物學上的母親和她所生育的兒子之間的親屬關係

提示詞： 4k,best quality,masterpiece,mother and son,full body,smile

母女 mother and daughter

詞語解析： 母女是指生物學上的母親和她所生育的女兒之間的親屬關係

提示詞： 4k,best quality,masterpiece,mother and daughter,full body,smile

蘿莉 loli

詞語解析： 蘿莉是指外表看起來比較幼稚可愛的女性

提示詞： 4k,best quality,masterpiece,loli,full body,smile

正太 shota

詞語解析： 正太是指外表看起來比較清秀、可愛，同時又有一些兒童氣息的少年或青年男性

提示詞： 4k,best quality,masterpiece,shota,full body,smile

美少女 bishoujo

詞語解析： 美少女是指外表美麗、可愛、年輕的女性

提示詞： 4k,best quality,masterpiece,bishoujo,full body,smile

眼鏡娘 glasses

詞語解析： 眼鏡娘是指佩戴眼鏡的女性，尤其是外表看起來比較清秀、可愛、溫柔的女性

提示詞： 4k,best quality,masterpiece,glasses,full body,smile

辣妹 gyaru

詞語解析： 辣妹是指外表時尚、熱辣、有自信和魅力的女性

提示詞： 4k,best quality,masterpiece,gyaru,full body,smile

Q 版 chibi

詞語解析： Q 版是指將人物形象通過簡化、誇張手法達到更加可愛、有趣、生動的效果

提示詞： 4k,best quality,masterpiece,chibi,full body,smile

1.2 人物身份

人物的身份多種多樣，一般可分為技能型、事務型、研究型、藝術型四種類型，每一種身份都具有不同的特點。

技能型

- 願意使用工具從事操作性工作，動手能力強。
- 做事手腳靈活，動作協調。
- 偏好於具體任務，缺乏社交能力，通常喜歡獨立做事。

事務型

- 尊重權威和規章制度，喜歡按計劃辦事，細心、有條理。
- 習慣接受他人的指揮和領導，自己不謀求領導職務。
- 喜歡關注實際和細節情況，通常較為謹慎和保守。

研究型

- 抽象思維能力強，求知欲強，肯動腦，善思考。
- 喜歡獨立的和富有創造性的工作，知識淵博，有學識才能。
- 考慮問題理性，精準做事，喜歡進行邏輯分析和推理。

藝術型

- 有創造力，樂於創造新穎的事物。
- 渴望表現自己的個性，實現自身的價值。
- 做事理想化，追求完美，不切實際。
- 具有一定的藝術才能和個性，善於表達。

廚師 chef

詞語解析： 廚師是指在餐飲業中從事烹飪工作的專業人員，負責製作和調製各種食品和菜肴

提示詞： 4k,best quality,masterpiece,chef,full body,smile

舞者 dancer

詞語解析： 舞者是指進行舞蹈演出、以身體動作表達意念及美感的專業人士

提示詞： 4k,best quality,masterpiece,dancer,full body,1girl,smile

啦啦隊隊長 cheerleader

詞語解析： 啦啦隊隊長是指在體育競賽中為運動員加油的整個啦啦隊的領導者

提示詞： 4k,best quality,masterpiece,cheerleader,full body,1girl,smile

芭蕾舞女演員 ballerina

詞語解析： 芭蕾舞女演員是指女性舞者以腳尖點地的方式用音樂、舞蹈手法來表演戲劇情節

提示詞： 4k,best quality,masterpiece,ballerina,full body,1girl,smile

體操隊隊長 gym leader

詞語解析： 體操隊隊長是指擔任整個體操隊的領導者

提示詞： 4k,best quality,masterpiece,gymleader,full body,1girl,smile

女服務員 waitress

詞語解析： 女服務員是指在固定場所裡提供一定範圍內服務的人員

提示詞： 4k,best quality,masterpiece,waitress,full body,1girl,smile

女僕 maid

詞語解析： 女僕通常是指在一些特定場合或文化中從事為雇主提供家政等服務的女性

提示詞： 4k,best quality,masterpiece,maid,full body,1girl,smile

偶像 idol

詞語解析： 偶像是指在一定範圍內廣受歡迎、受到追捧和崇拜的人物

提示詞： 4k,best quality,masterpiece,idol,full body,1girl,smile

辦公室職員 office_lady

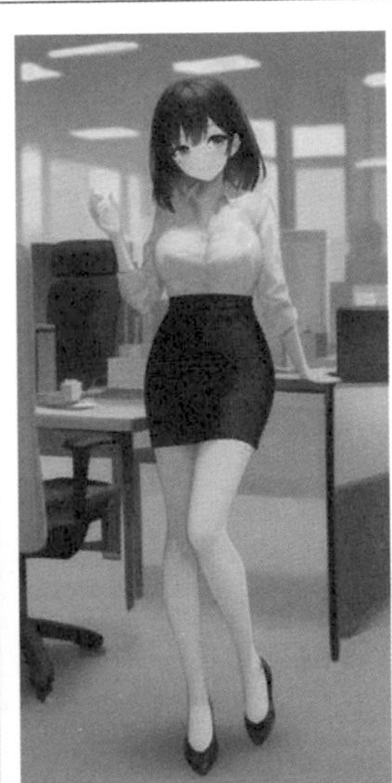

詞語解析： 辦公室職員是指在辦公室從事文秘、助理等工作的職員

提示詞： 4k,best quality,masterpiece,office_lady,full body,1girl,smile

賽車女郎 race_queen

詞語解析： 賽車女郎是指在賽車場為賽車和賽車手提供服務的女性模特或主持人

提示詞： 4k,best quality,masterpiece,race_queen,full body,1girl,smile

魔女 Witch

詞語解析： 魔女是指在傳說、電影、遊戲等方面被描繪為能夠使用魔法和神秘力量的女性

提示詞： 4k,best quality,masterpiece,Witch,full body,1girl,smile

巫女 miko

詞語解析： 巫女是日本神社中的神職之一，擔任祈禱、祭祀等方面的職務

提示詞： 4k,best quality,masterpiece,miko,full body,1girl,smile

修女 nun

詞語解析： 修女是指女性離家修行人員

提示詞： 4k,best quality,masterpiece,nun,full body,1girl,smile

牧師 priest

詞語解析： 牧師一般為專職宗教職業者

提示詞： 4k,best quality,masterpiece,priest,full body,smile

忍者 ninja

詞語解析： 忍者是指日本歷史上的一種特殊職業

提示詞： 4k,best quality,masterpiece,ninja,full body

員警 police

詞語解析： 員警是指維護社會治安的公職人員

提示詞： 4k,best quality,masterpiece,police,full body,smile

醫生 doctor

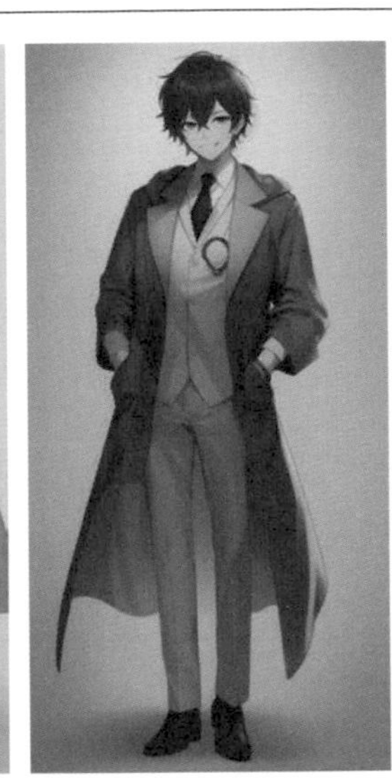

詞語解析： 醫生是指在醫療機構中從事醫療服務和醫學研究的專業人員

提示詞： 4k,best quality,masterpiece,doctor,full body,smile

護士 nurse

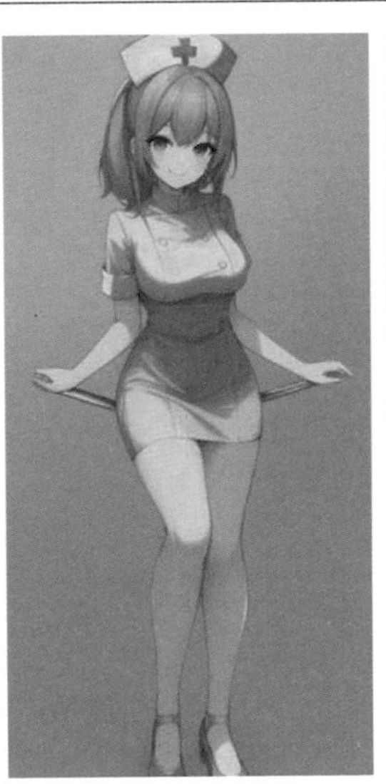

詞語解析： 護士是指在醫療機構中從事護理工作的專業人員，負責為病患提供護理和照顧，協助醫生進行各種醫療服務

提示詞： 4k,best quality,masterpiece,nurse,full body,1girl,smile

1.3 人外類型

人外類型一般是指非人類的種族，通常以擬人化的形式來表現。

特徵擬人

特徵擬人是最常見和被廣泛接受的擬人方式。它通過提取被擬人物件的外部特徵，將其添加到真人形象中，例如，將尾巴、耳朵、角、翅膀等人類原本不具備的要素添加到人的身體結構中，形成特徵擬人。這種方法保留了原型的可愛之處，與真人看起來沒有太大的區別。

行為擬人

行為擬人在傳統動畫片中非常常見，這種方式通常不會過多展現角色的外在特徵，而是通過行為和舉止來模仿人類，例如直立行走、穿著衣物、使用語言交流等典型特徵被直接應用於動物身上。

動物特徵

該類角色具有動物的特徵，如狼耳、尾巴、貓眼等，它們可以很好地表現角色的野性和機敏。

機甲特徵

機甲特徵是在人的身體結構上加入機器或機械裝置等要素。

精靈特徵

該類角色可能長有長而尖的耳朵，類似於精靈或妖精的形象，這種特徵通常被用來表現角色的神秘感或超自然的屬性。

福瑞 furry

詞語解析： 福瑞一般是指毛茸茸的、擬人化的動物角色，在二次元文化中通常體現為獸人等

提示詞： 4k,best quality,masterpiece,furry,full body,1girl,smile

貓娘 cat_girl

詞語解析： 貓娘是指在動漫、遊戲等作品中出現的擬人化的貓形象女性

提示詞： 4k,best quality,masterpiece,cat_girl,full body,1girl,smile

犬娘 dog_girl

詞語解析： 犬娘是指在動漫、遊戲等作品中出現的擬人化的狗形象女性

提示詞： 4k,best quality,masterpiece,dog_girl,full body,1girl,smile

狐娘 fox_girl

詞語解析： 狐娘是指在動漫、遊戲等作品中出現的擬人化的狐狸形象女性

提示詞： 4k,best quality,masterpiece,fox_girl,full body,1girl,smile

妖狐 kitsune

詞語解析： 妖狐是指神話或傳説中的狐狸妖怪形象，它能夠施展各種妖力

提示詞： 4k,best quality,masterpiece,kitsune,full body,1girl,smile

浣熊娘 raccoon_girl

詞語解析： 浣熊娘是指在動漫、遊戲等作品中出現的擬人化的浣熊形象女性

提示詞： 4k,best quality,masterpiece,raccoon_girl,full body,1girl,smile

狼女孩 wolf_girl

詞語解析： 狼女孩是指在動漫、遊戲等作品中出現的擬人化的狼形象女性

提示詞： 4k,best quality,masterpiece,wolf_girl,full body,1girl,smile

兔娘 rabbit_girl

詞語解析： 兔娘是指在動漫、遊戲等作品中出現的擬人化的兔子形象女性

提示詞： 4k,best quality,masterpiece,rabbit_girl,full body,1girl,smile

牛娘 cow_girl

詞語解析： 牛娘是指在動漫、遊戲等作品中出現的擬人化的牛形象女性

提示詞： 4k,best quality,masterpiece,cow_girl,full body,1girl,smile

龍娘 dragon_girl

詞語解析： 龍娘是指在動漫、遊戲等作品中出現的擬人化的龍形象女性

提示詞： 4k,best quality,masterpiece,**dragon_girl**,full body,1girl,smile

蛇娘 lamia

詞語解析： 蛇娘是指在動漫、遊戲等作品中出現的擬人化的蛇形象女性

提示詞： 4k,best quality,masterpiece,lamia,full body,1girl,smile

美人魚 mermaid

詞語解析： 美人魚是指傳説中半人半魚的生物，上半身是女性的形象，下半身是魚類的形態

提示詞： 4k,best quality,masterpiece,mermaid,full body,1girl,smile

史萊姆娘 slime_musume

詞語解析： 史萊姆娘是指在動漫、遊戲等作品中出現的擬人化的史萊姆形象女性

提示詞： 4k,best quality,masterpiece,slime_musume,full body,1girl,smile

蜘蛛娘 spider_girl

詞語解析： 蜘蛛娘是指在動漫、遊戲等作品中出現的擬人化的蜘蛛形象女性

提示詞： 4k,best quality,masterpiece,spider_girl,full body,1girl,smile

機甲 mecha

詞語解析： 機甲是指在科幻文學、電影、遊戲等作品中出現的一種機械化的裝備或機器人

提示詞： 4k,best quality,masterpiece,mecha,full body

機娘 mecha_musume

詞語解析： 機娘是指在動漫、遊戲等作品中出現的擬人化的女性機甲形象

提示詞： 4k,best quality,masterpiece,mecha_musume,full body,1girl,smile

改造人 cyborg

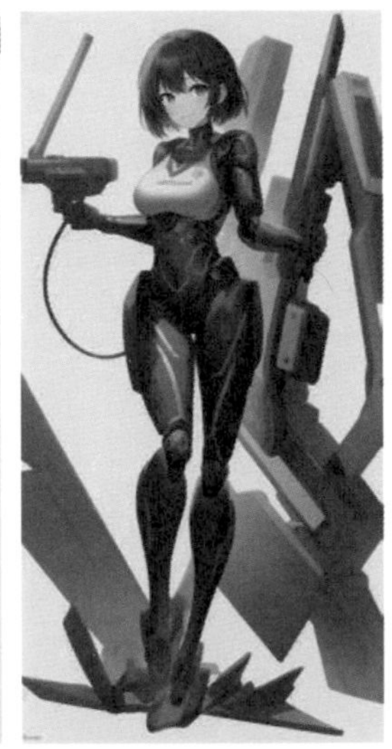

詞語解析： 改造人是一種融合產物，不僅擁有部分人類的身體器官，同時還裝備了機器人的裝置

提示詞： 4k,best quality,masterpiece,cyborg,full body,1girl,smile

惡魔 demon_girl

詞語解析： 惡魔是指被描述為邪惡或邪惡力量的超自然存在

提示詞： 4k,best quality,masterpiece,demon_girl,full body,1girl,smile

天使 angel

詞語解析： 天使是指一種具有翅膀的美麗生物，擁有超凡的力量和智慧

提示詞： 4k,best quality,masterpiece,angel,full body,1girl,smile

魔鬼（撒旦）devil

詞語解析： 魔鬼是撒旦的代名詞，是指墮落的天使，被認為是神的敵對勢力

提示詞： 4k,best quality,masterpiece,devil,full body,1girl,smile

女神 goddess

詞語解析： 女神在神話傳說中被認為是女性神靈的存在

提示詞： 4k,best quality,masterpiece,goddess,full body,1girl,smile

精靈 elf

詞語解析： 精靈具有神秘的能力和超自然的力量，有時還被賦予了一定的人類性格和思維能力

提示詞： 4k,best quality,masterpiece,elf,full body,1girl,smile

小精靈 fairy

詞語解析： 小精靈是指在神話傳説中被認為是一種神秘的、小巧玲瓏的生物

提示詞： 4k,best quality,masterpiece,fairy,full body,1girl,smile

暗精靈 dark_elf

詞語解析： 暗精靈是指屬於黑暗和邪惡勢力的一類精靈，他們的行為往往是不道德和邪惡的

提示詞： 4k,best quality,masterpiece,dark_elf,full body,1girl,smile

吸血鬼 vampire

詞語解析： 吸血鬼是指一種能夠吸取其他生物生命力和血液的神秘生物

提示詞： 4k,best quality,masterpiece,vampire,full body,1girl,smile

魔法少女 magical_girl

詞語解析： 魔法少女通常是指擁有魔法能力的年輕女性，常穿著特別設計的魔法服裝

提示詞： 4k,best quality,masterpiece,magical_girl,full body,1girl,smile

人偶 doll

詞語解析： 人偶是指具有人類的外形和特徵，但並不具備獨立思考和行動能力的玩具或藝術品

提示詞： 4k,best quality,masterpiece,doll,full body,1girl

怪物 monster

詞語解析： 怪物是指一類神秘、邪惡或可怕的生物，其形象也各不相同

提示詞： 4k,best quality,masterpiece,monster,full body

第2章 人物細節

人物的細節是角色設計中至關重要的元素，其中身體結構和頭髮樣式起著關鍵的表現作用。身體結構是動漫人物形象的基礎，頭髮樣式則是動漫人物形象的重要組成部分。這些細節不僅能夠呈現角色的個性特點，還能夠傳達角色的身份背景。

2.1 身體結構

人物的身體結構是呈現角色形象的重要元素之一。人物的身體比例常常採用比較完美的頭身比例，以突出優雅和纖細的身材，尤其是女性角色，其肢體線條流暢柔和，強調動態感。

胸部

根據角色的性別、特點和風格的不同，人物胸部的表現也大不相同，以此來突出人物的性別特徵、體型比例和吸引力。

肩部

肩部是指角色形象上的肩膀區域。肩部的形狀、寬度和姿態都會直接影響到角色的整體形象和個性特徵。

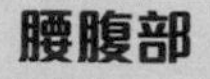

腰腹部

腰腹部是指角色形象上的腰部和腹部區域。腰腹部可以很好地展現出角色的身體比例、體型和肌肉線條。

臀部

臀部是指角色形象上的臀部區域。在動漫中，臀部的形態可以用來突出角色的體型和身體特徵。

腿部

腿部是指角色形象上的腿部區域。腿部的設計可以很好地突出角色的身高、比例和身體線條。腿部的形態可以很好地傳達角色的動態、力量和姿勢等方面的資訊。

胸 chest

詞語解析： 胸屬於軀幹的一部分，位於頸部與腹部之間

提示詞： upper body,school uniform,chest

胸肌 pectorals

詞語解析： 胸肌是指分佈於胸部的肌肉，它是人類身體比較健碩的肌肉

提示詞： upper body,1male,school uniform,pectorals

貧乳 flat_chest

詞語解析： 貧乳是指女性由於胸部發育不良而導致的乳房相對較小的情況

提示詞： upper body,1girl,school uniform,flat_chest,smile

小胸部 small_chest

詞語解析： 小胸部通常對應的是乳房不太豐滿的女性

提示詞： upper body,1girl,school uniform,small_chest

中等胸部 medium_breasts

詞語解析： 中等胸部通常對應的是乳房較為豐滿的女性

提示詞： upper body,1girl,school uniform,medium_breasts

大胸部 big_breasts

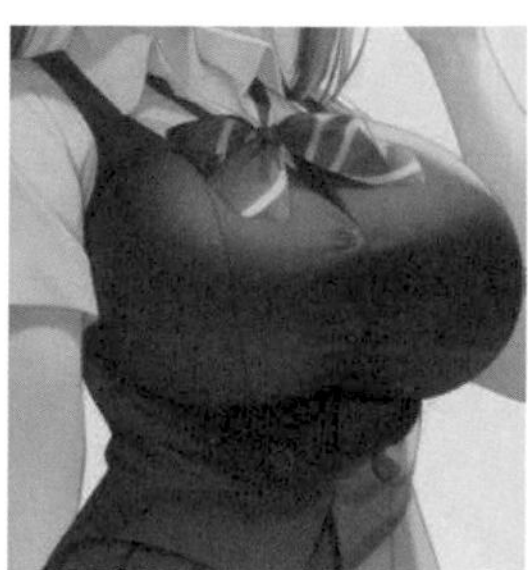

詞語解析： 大胸部通常對應的是乳房更加豐滿的女性

提示詞： upper body,1girl,school uniform,big_breasts

雙裸肩 bare_shoulders

詞語解析： 雙裸肩是指女性露出肩部兩側的部分或全部皮膚

提示詞： upper body,1girl,school uniform, bare_shoulders

鎖骨 collarbone

詞語解析： 鎖骨是指胸腔前上部、呈 S 形的骨頭，左右各一塊

提示詞： upper body,school uniform,collarbone

腋窩 armpits

詞語解析： 腋窩是指上肢和肩膀連接處靠底下的部分，呈窩狀

提示詞： upper body,1girl,school uniform,armpits

腰 waist

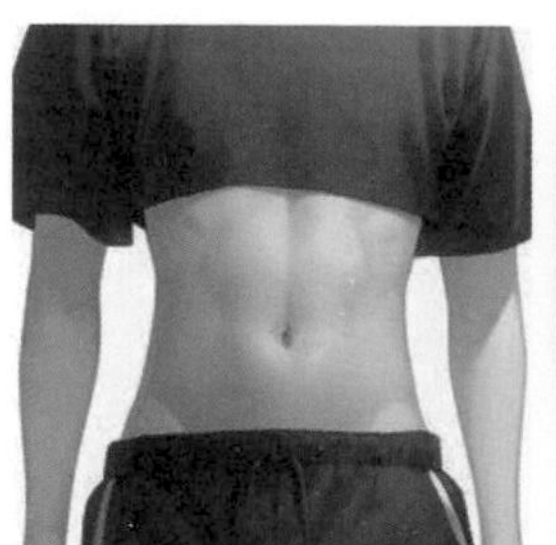
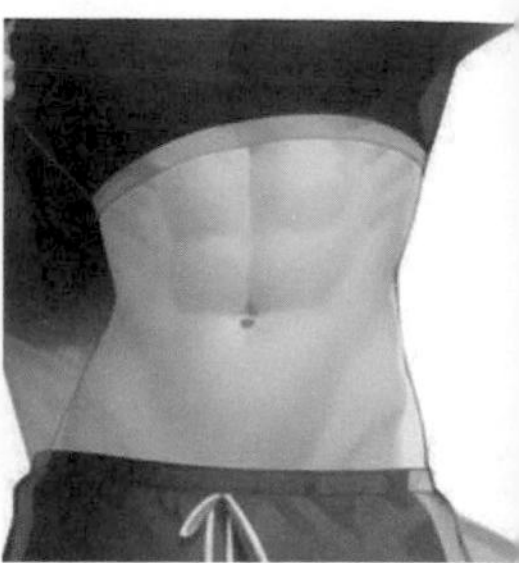

詞語解析： 腰是指胯上脅下的部分，位於身體的中部

提示詞： upper body,waist

細腰 slender_waist

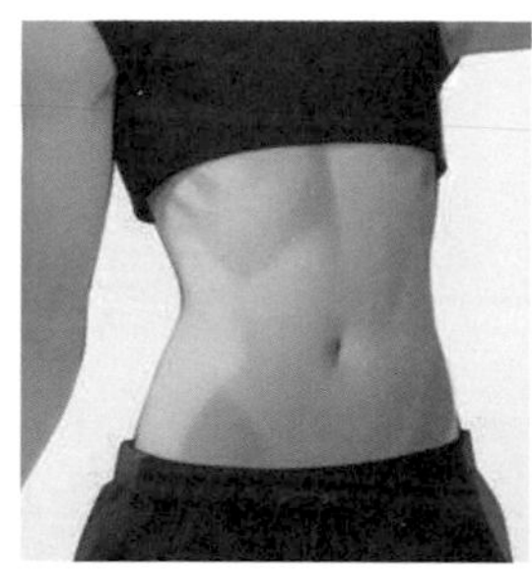
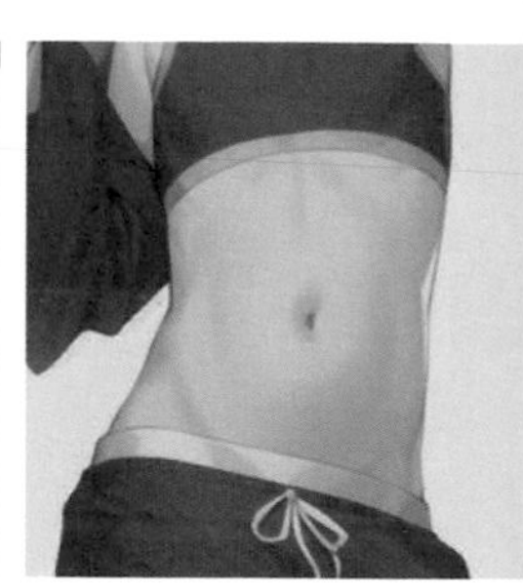

詞語解析： 細腰是指較為纖細的腰部，通常是指腰圍較細或腰線比較優美

提示詞： upper body,slender_waist

肚子 belly

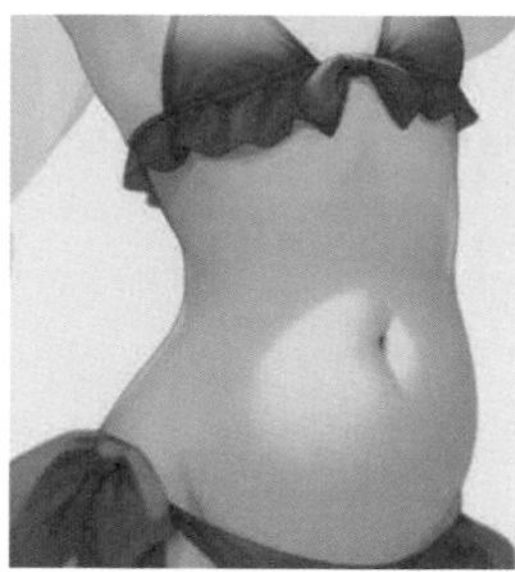
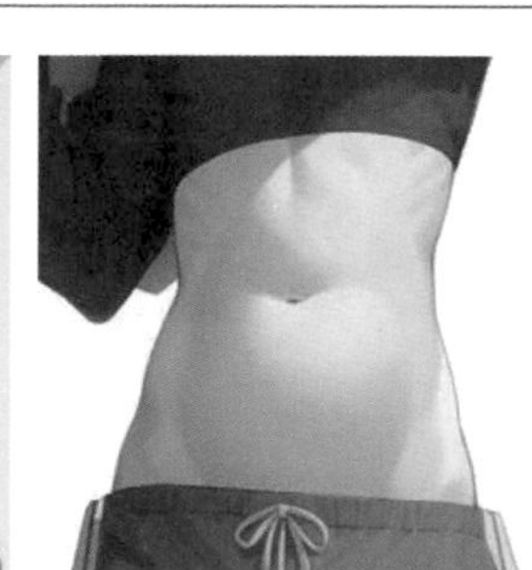
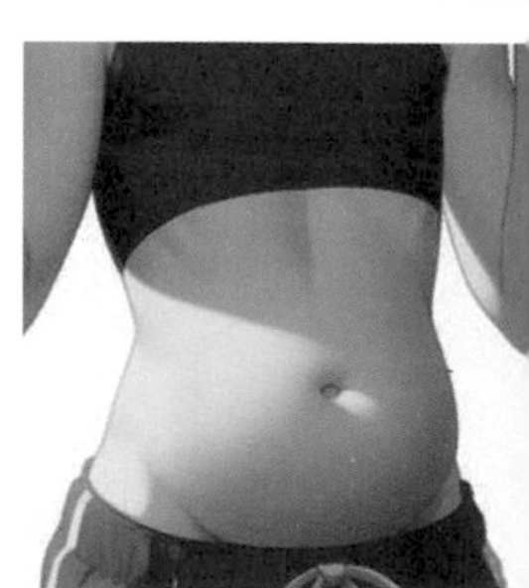

詞語解析： 肚子是人體腹部的通稱

提示詞： upper body,belly

肋骨 ribs

  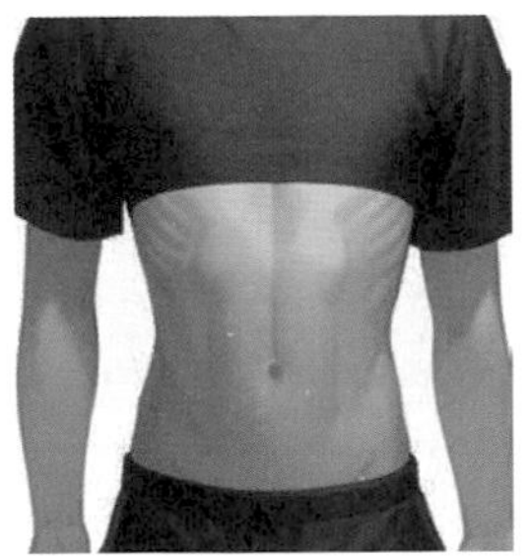 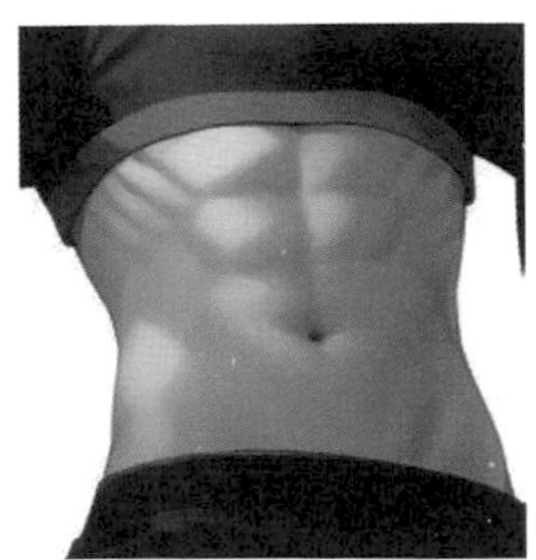

詞語解析： 肋骨是指人類胸壁兩側的長條形的骨頭，有保護內臟的作用

提示詞： upper body,ribs

腹部 midriff

  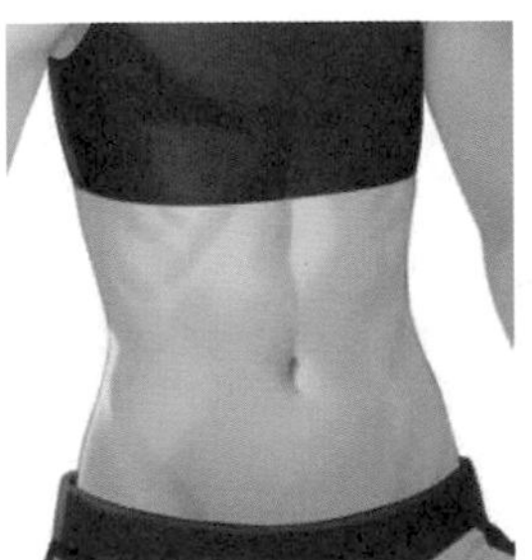 

詞語解析： 腹部在胸的下面

提示詞： upper body,midriff

腹肌 abs

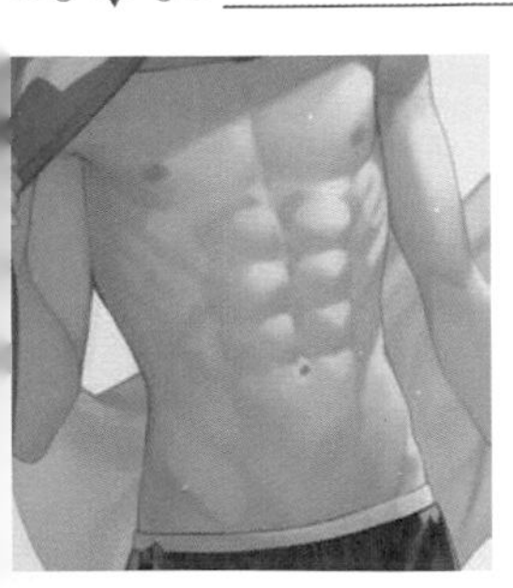 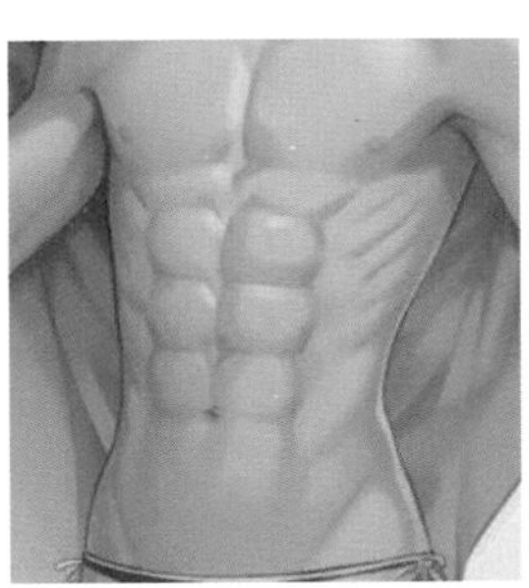  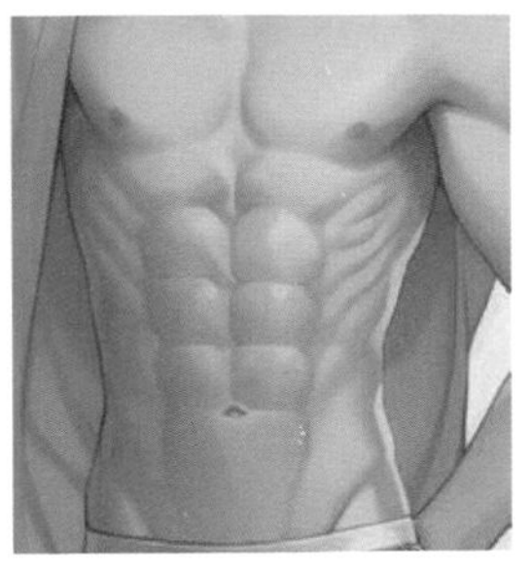

詞語解析： 腹肌是指人體腹部的肌肉，它的線條和輪廓被認為是體型美的標誌之一

提示詞： upper body,1male,abs,male_swimwear

臀部 hips

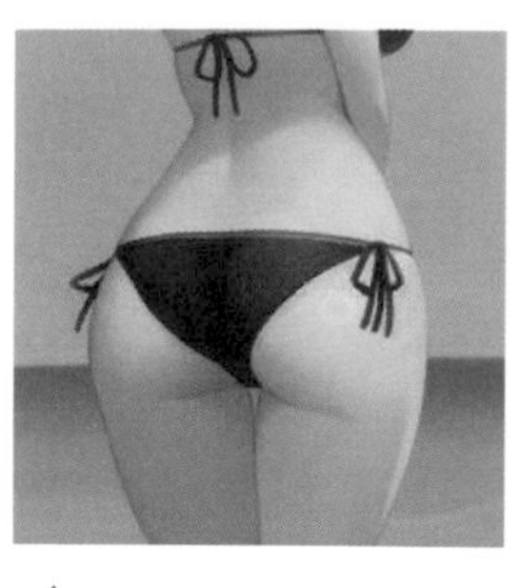

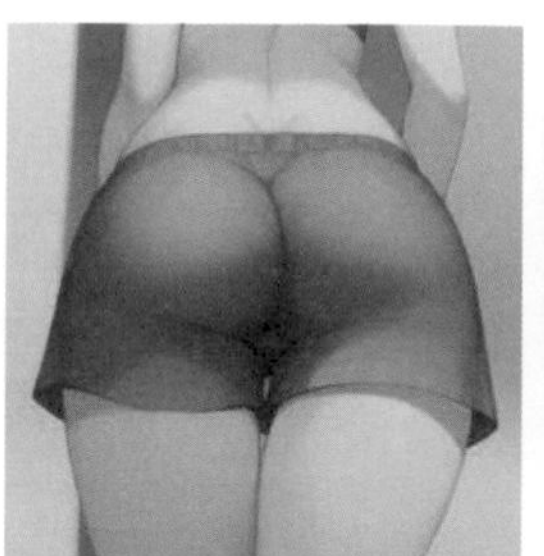
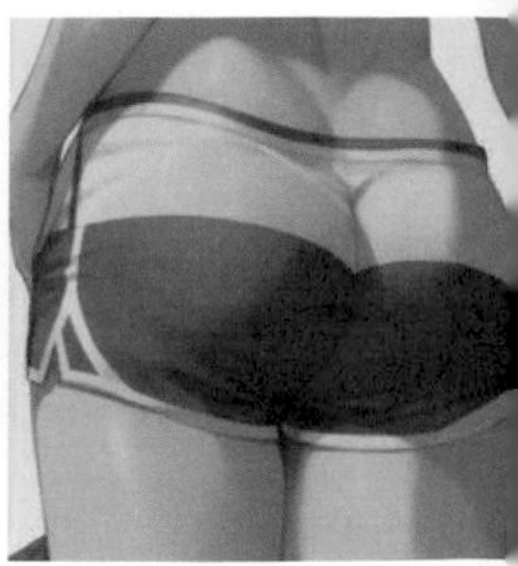

詞語解析： 臀部是指人體兩腿後面的上端和腰相連接的部分

提示詞： lower body,hips,from_back

胯部 crotch

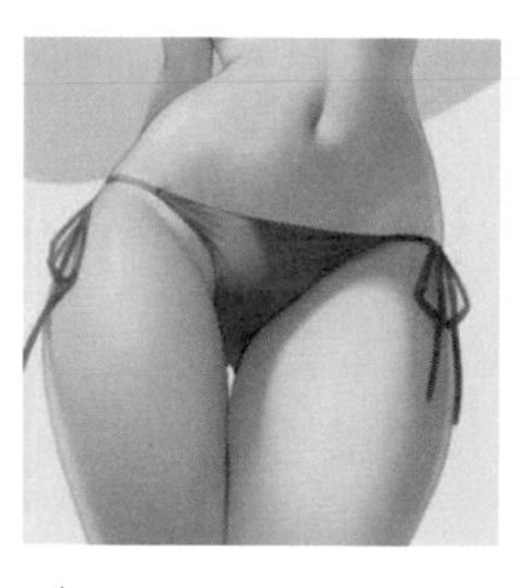

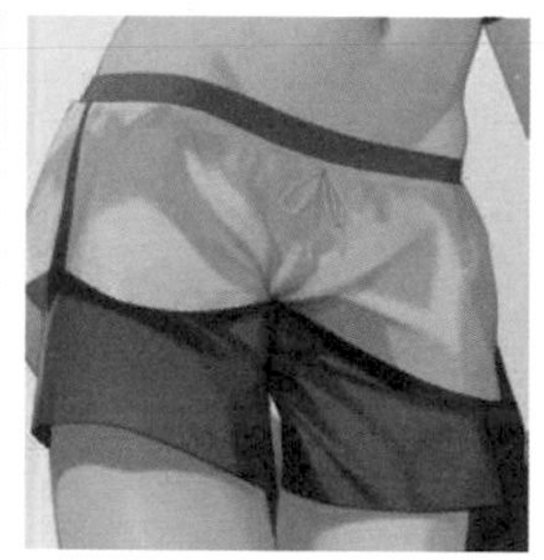
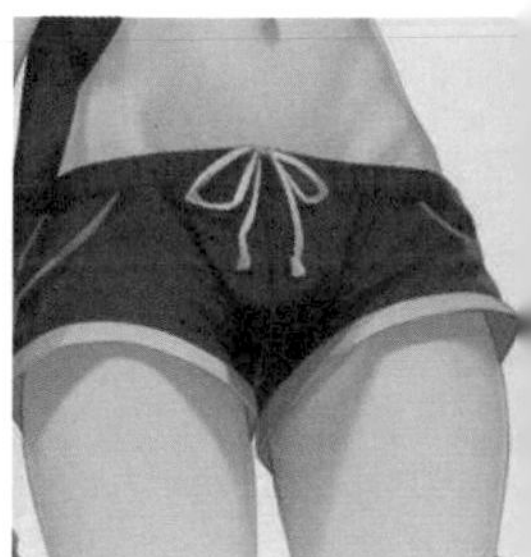

詞語解析： 胯部是指腰的兩側和大腿之間的部分

提示詞： lower body,crotch

膝蓋 knee

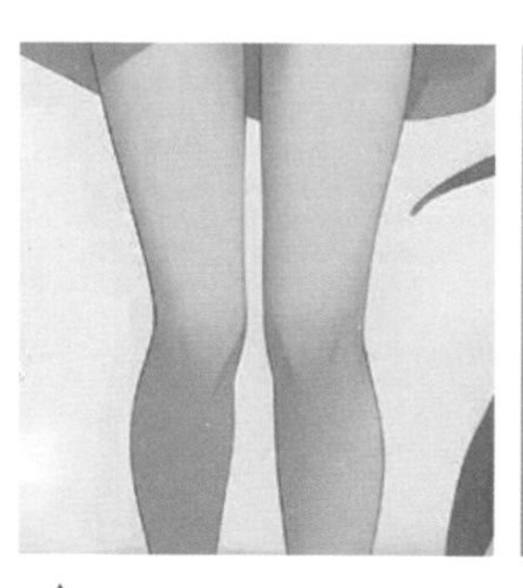
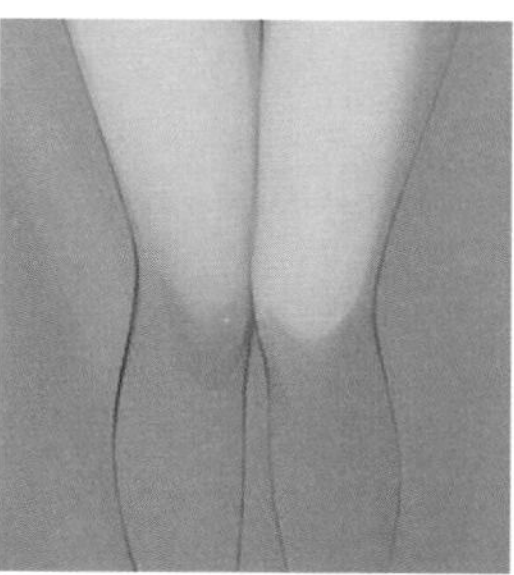
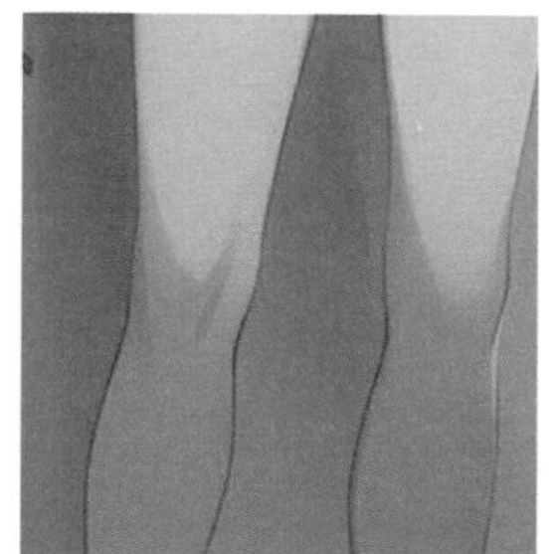
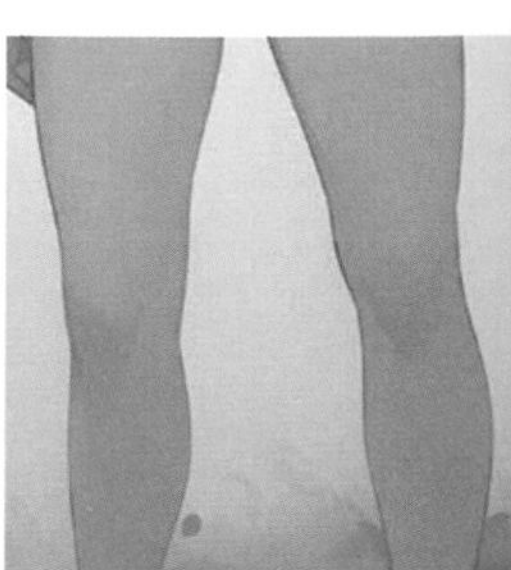

詞語解析： 膝蓋是人體大腿和小腿相連的關節的前部

提示詞： lower body,knee

大腿 thigh

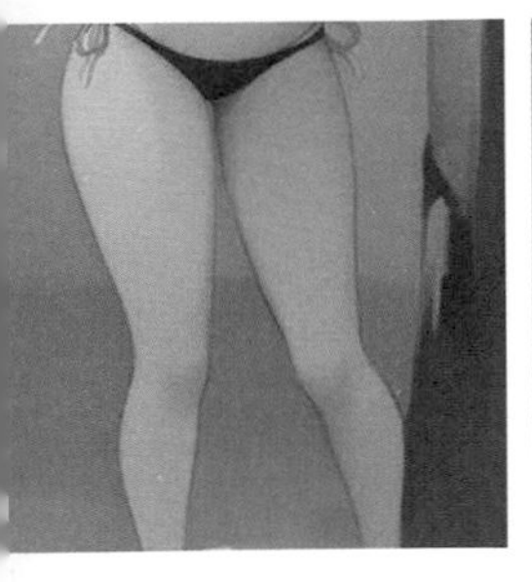 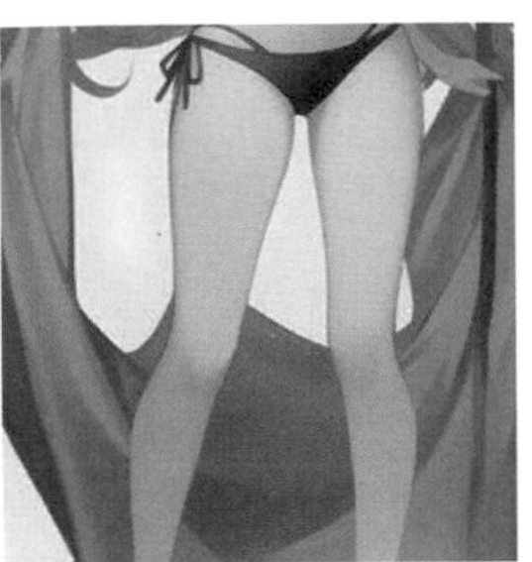 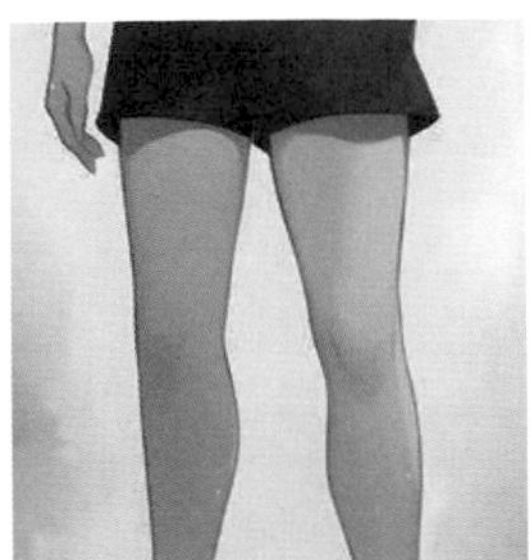 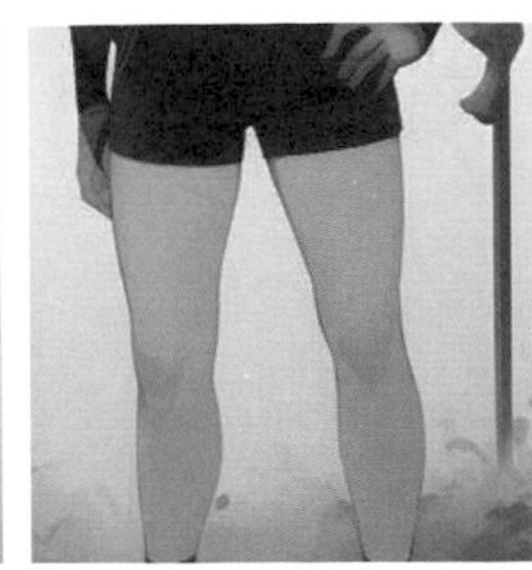

詞語解析： 大腿是指人體從臀部到膝蓋的那一段

提示詞： lower body,thigh

大腿間隙 thigh_gap

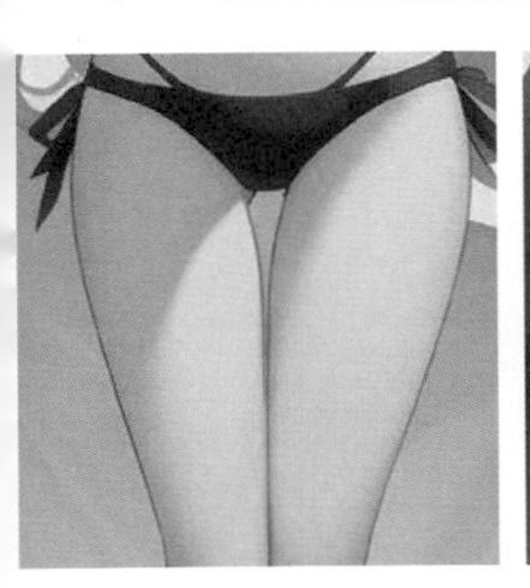 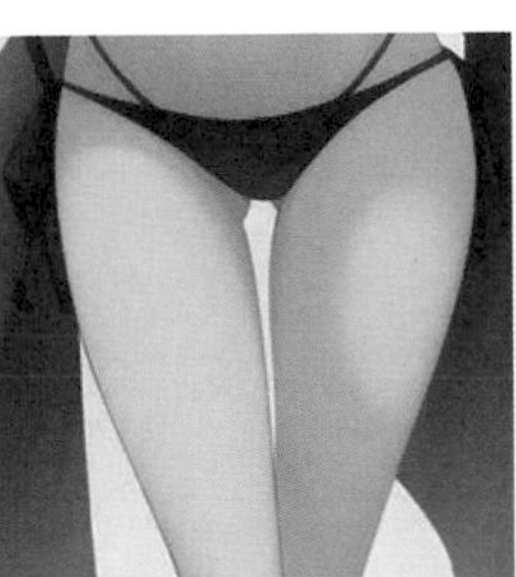 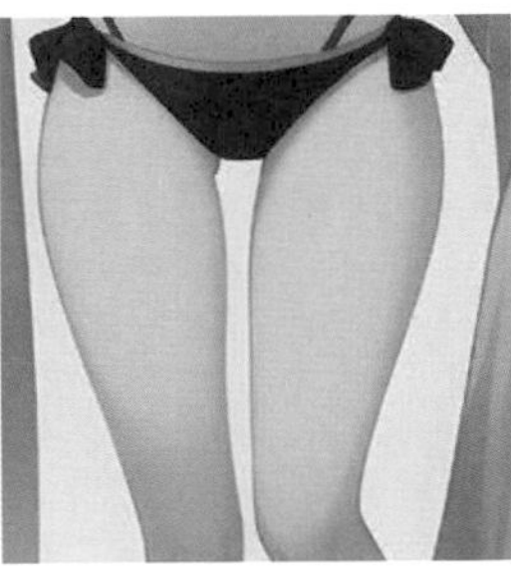 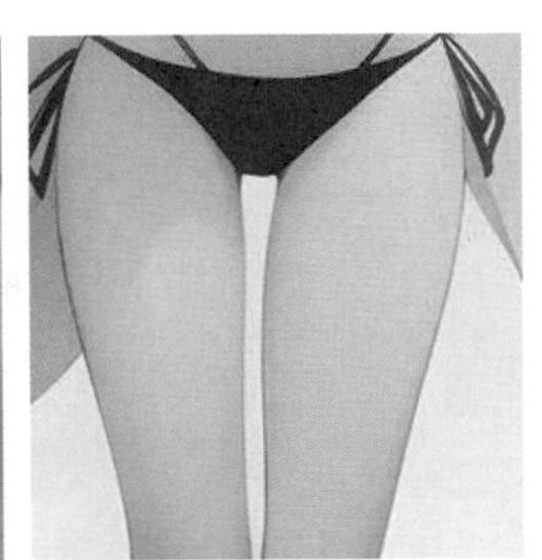

詞語解析： 大腿間隙是指兩條大腿內側在膝蓋以上部分之間的空隙

提示詞： lower body,thigh_gap

絕對領域 absolute_territory

 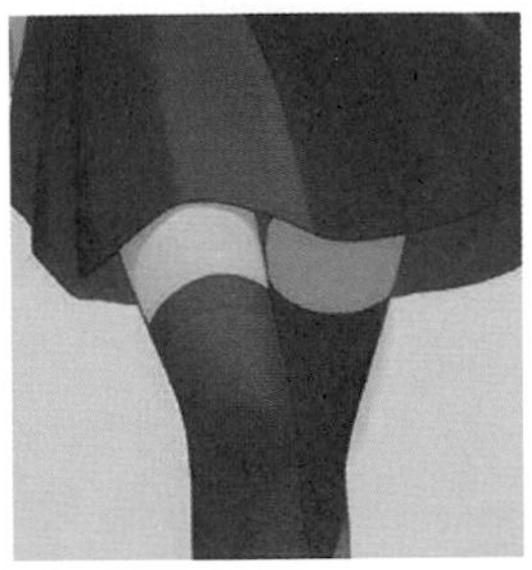 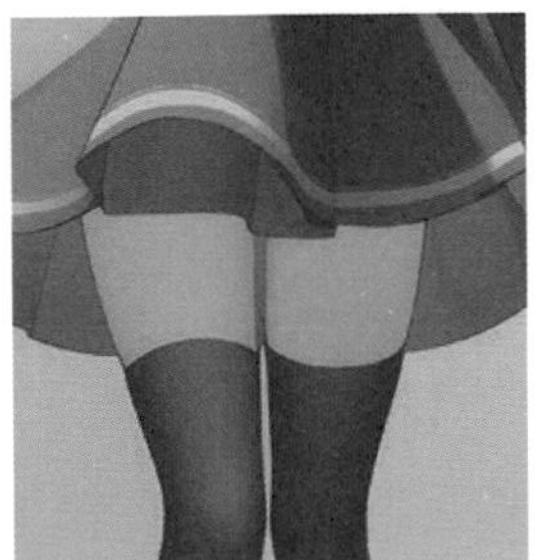 

詞語解析： 絕對領域是指少女穿著的過膝襪和短裙之間的一段可以看到大腿的若隱若現的空間

提示詞： lower body,absolute_territory

骨感 skinny

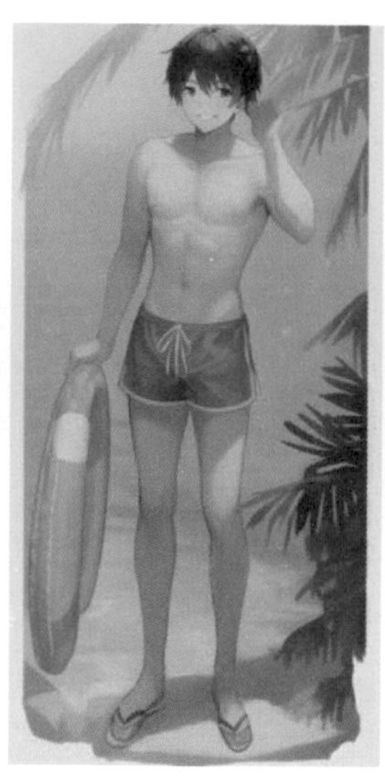

詞語解析： 骨感是指人物身材瘦削、棱角分明

提示詞： 4k,best quality,masterpiece,skinny,full body,smile

魔鬼身材 curvy

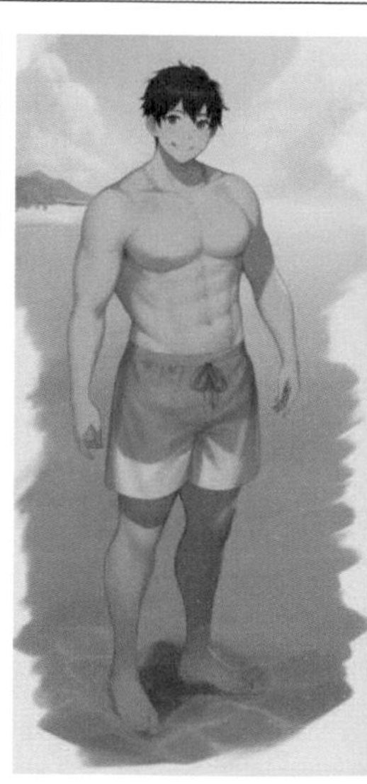

詞語解析： 魔鬼身材是指人物身材比例完美，腰部細，臀部、胸部等曲線明顯

提示詞： 4k,best quality,masterpiece,curvy,full body,smile

肥胖（豐滿）plump

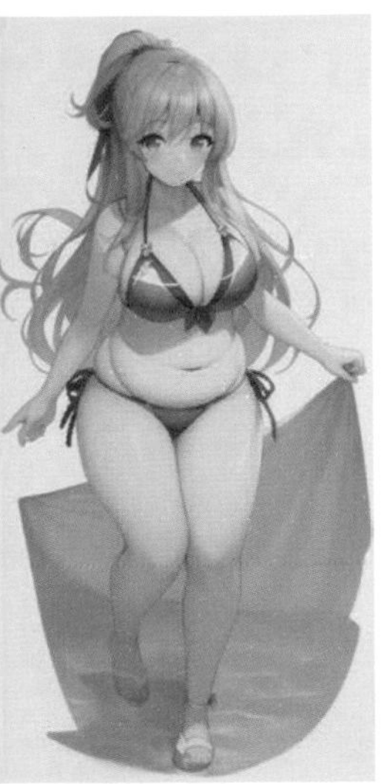

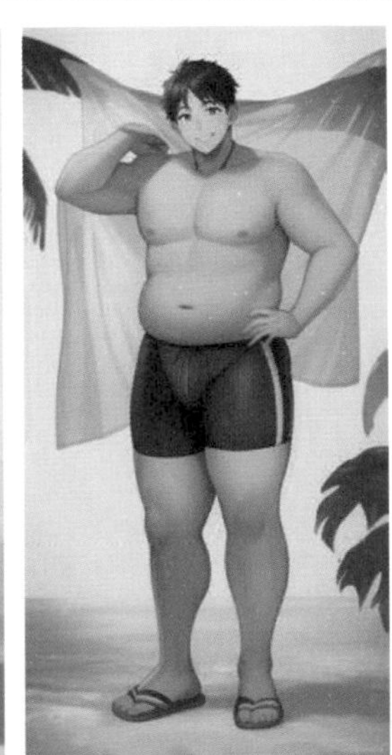

詞語解析： 肥胖是指身體脂肪堆積過多的一種身體狀態，贅肉主要集中在腰部、臀部及大腿等處

提示詞： 4k,best quality,masterpiece,plump,full body,smile

懷孕 pregnant

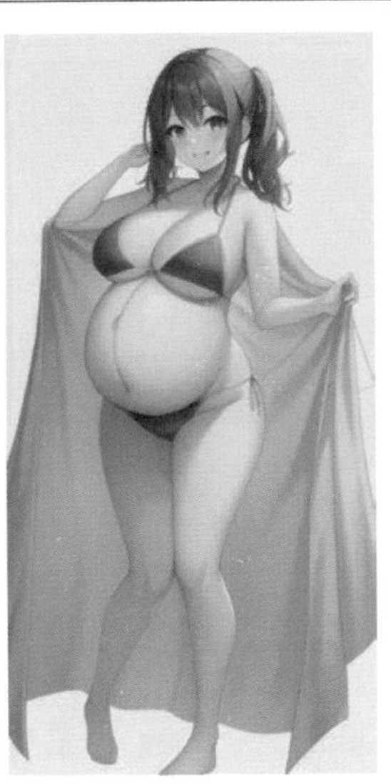
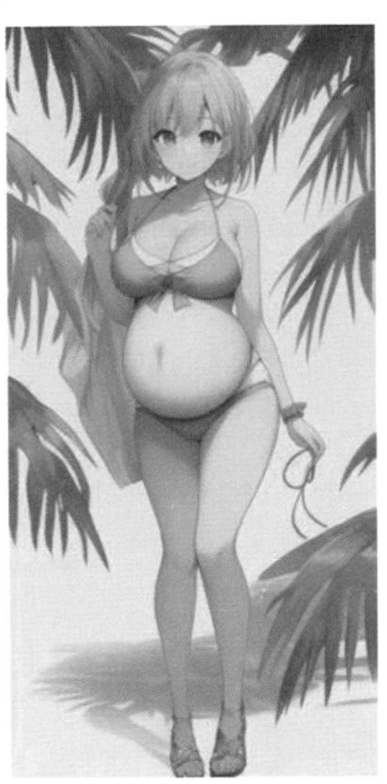

詞語解析： 懷孕是指孕育產生子代的過程

提示詞： 4k,best quality,masterpiece,pregnant,full body,1girl,smile

迷你女孩 minigirl

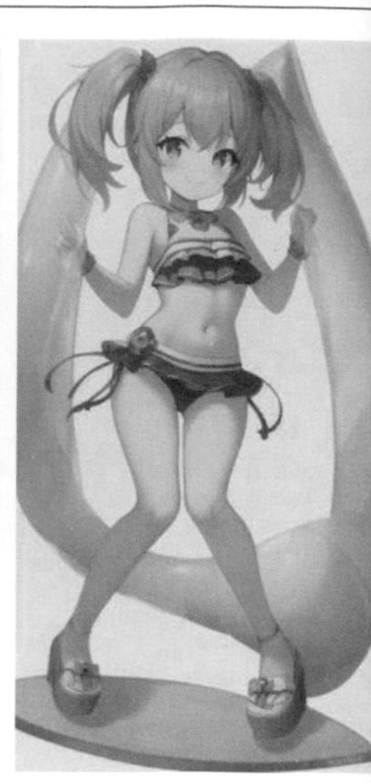

詞語解析： 迷你女孩通常指身材嬌小、纖細的女性角色形象

提示詞： 4k,best quality,masterpiece,minigirl,full body,1girl,smile

肌肉 muscular

詞語解析： 肌肉是指具有強壯肌肉線條和突出肌肉群的角色形象

提示詞： 4k,best quality,masterpiece,muscular,full body,smile

有光澤的皮膚 shiny_skin

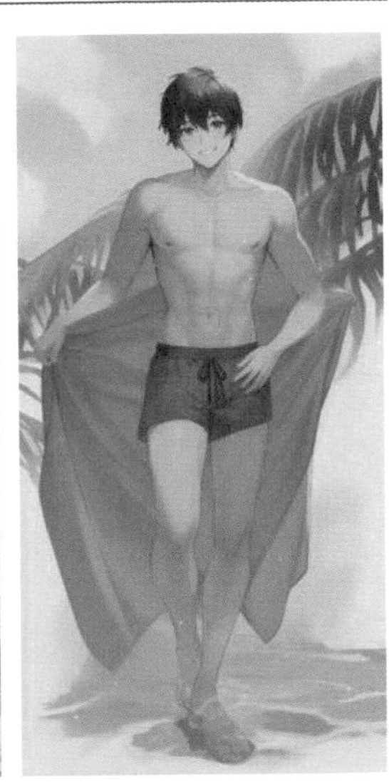

詞語解析： 有光澤的皮膚是指皮膚表面呈現出健康、光滑、明亮的外觀，且具有自然的光澤

提示詞： 4k,best quality,masterpiece,shiny_skin,full body,smile

蒼白皮膚 pale_skin

詞語解析： 蒼白皮膚是指膚色較為蒼白或缺乏健康的紅潤感

提示詞： 4k,best quality,masterpiece,pale_skin,full body,smile

白皙皮膚 fair_skin

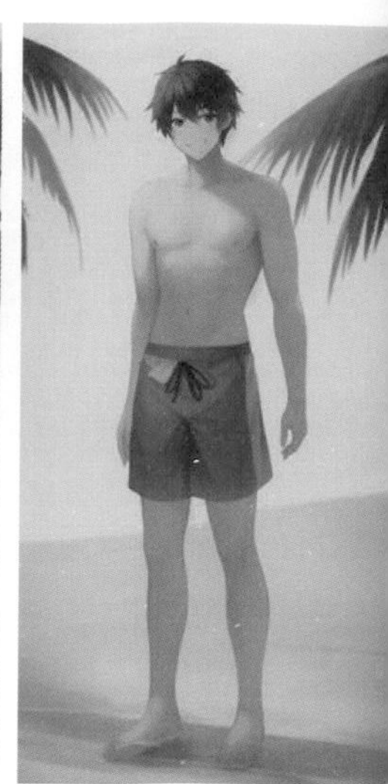

詞語解析： 白皙皮膚是指皮膚呈現明亮、光滑、均勻的白色或淺色調

提示詞： 4k,best quality,masterpiece,fair_skin,full body,smile

棕色皮膚 brown_skin

詞語解析： 棕色皮膚是指呈現出棕色或褐色的膚色

提示詞： 4k,best quality,masterpiece,brown_skin,full body,smile

黑皮膚 black_skin

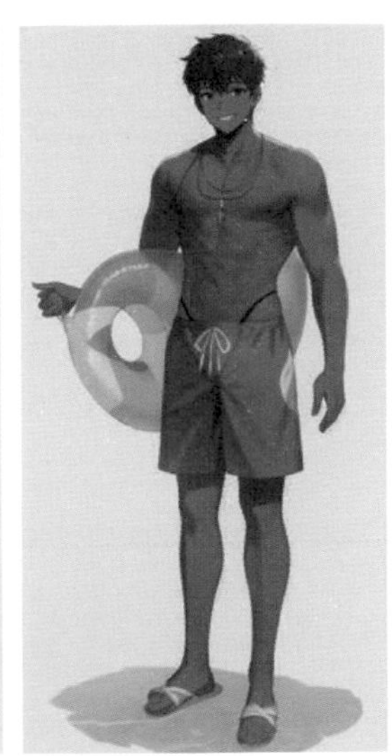

詞語解析： 黑皮膚是指呈現出深黑色或棕黑色的膚色

提示詞： 4k,best quality,masterpiece,black_skin,full body,smile

曬日線 tan_lines

詞語解析： 曬日線是指在陽光下，暴露的部位與未暴露的部位之間的顏色差異

提示詞： 4k,best quality,masterpiece,tan_lines,1girl,full body,smile

2.2 頭髮樣式

頭髮的不同樣式可以在第一時間明確人物的特點。

頭髮長度

頭髮的長度對人物的表現具有重要的影響，不同長度的頭髮可以表現出人物不同的形象和個性。

頭髮顏色

頭髮的顏色可以傳達出人物的性格、特點、背景故事等資訊。

自然頭髮

自然頭髮是指沒有經過燙染等操作，而保持原本的自然狀態的頭髮。

染燙頭髮

染燙頭髮是指經過染燙後，改變了原本的造型和顏色的頭髮。

造型頭髮

造型頭髮是指用髮帶、髮飾等，通過編紮等方式改變造型的頭髮。

直髮 straight hair

詞語解析： 直髮是指沒有經過電燙，保持自然狀態的直頭髮

提示詞： upper body,face to camera,1girl,straight hair,school uniform

卷髮 curly hair

詞語解析： 卷髮是指頭髮經過電燙後形成捲曲形或天生彎曲的頭髮

提示詞： upper body,face to camera,1girl,curly hair,school uniform

波浪卷 waves roll

詞語解析： 波浪卷是指頭髮彎曲的弧度就像大海的波浪一樣

提示詞： upper body,face to camera,1girl,waves roll,school uniform

雙鑽頭 drill hair

詞語解析： 雙鑽頭是指左右兩邊各綁上對稱螺旋狀髮辮的髮型

提示詞： upper body,face to camera,1girl,drill hair,school uniform

額頭 forehead

詞語解析： 額頭是指沒有瀏海的髮型，會顯得人物開朗有活力

提示詞： upper body,face to camera,1girl,forehead, school uniform

鮑伯頭 bob cut

詞語解析： 鮑伯頭顯得非常時尚，瀏海平齊，帶有厚重的感覺

提示詞： upper body,face to camera,1girl,bob cut, school uniform

瀏海 bangs

詞語解析： 瀏海是指垂在前額的短髮，可以修飾人物臉型

提示詞： upper body,face to camera,1girl,bangs, school uniform

齊瀏海 blunt bangs

詞語解析： 齊瀏海是指瀏海的底部水平齊平，能讓人物顯得乖巧可愛

提示詞： upper body,face to camera,1girl,blunt bangs,school uniform

斜瀏海 swept bangs

詞語解析： 斜瀏海是指額前的頭髮向一側傾斜，使人物看起來更加溫柔

提示詞： upper body,face to camera,1girl,swept bangs, school uniform

公主髮型 princess_head

詞語解析： 公主髮型是一種優雅、高貴的髮型，頭髮通常會捲曲並向外翹起

提示詞： upper body,face to camera,1girl,princess_head,school uniform

姬髮式 gokou ruri sideburns

詞語解析： 姬髮式是指後方留著長髮，瀏海則在眼眉的高度剪齊

提示詞： upper body,1girl,gokou ruri sideburns,school uniform

公主頭 half-up

詞語解析： 公主頭是將上層的頭髮紮起，剩下的頭髮自然垂下

提示詞： upper body,face to camera,1girl,half-up, school uniform

馬尾辮 ponytail

詞語解析： 馬尾辮是指將大部分的頭髮往頭後部集中紮起來

提示詞： upper body,face to camera,1girl,ponytail, school uniform

雙馬尾 twintails

詞語解析： 雙馬尾是指左右兩邊各綁上對稱馬尾的髮型

提示詞： upper body,face to camera,1girl,twintails, school uniform

側馬尾 side_ponytail

詞語解析： 側馬尾是將頭髮集中紮
頭部一側

提示詞： upper body,face to camera,1girl,side_ ponytail,school uniform

低雙馬尾 low twintail

詞語解析： 低雙馬尾是在低處綁兩
對稱的馬尾

提示詞： upper body,face to camera,1girl,low twintails,school uniform

披肩雙馬尾 two_side_up

詞語解析： 披肩雙馬尾是將一部分頭髮紮成雙馬尾，能夠保留原有長髮的魅力

提示詞： upper body,face to camera,1girl,two_side_up,school uniform

法式辮子 french_braid

詞語解析： 法式辮子通常從頭頂開始，延伸到頸背

提示詞： upper body,face to camera,1girl,french_braid,school uniform

辮子 braid

詞語解析： 辮子是一種將頭髮編織成繩狀或帶狀結構的髮型

提示詞： upper body,face to camera,1girl,braid,school uniform

雙辮子 twin_braids

詞語解析： 雙辮子是對稱地在頭部兩側編織成兩條辮子

提示詞： upper body,face to camera,1girl,twin_braids,school uniform

辮式髮髻 braided_bun

詞語解析： 辮式髮簪是將辮子繞圈固定，以確保其不會鬆散開

提示詞： upper body,face to camera,1girl,braided_bun,school uniform

圓髮髻 hair_bun

詞語解析： 圓髮簪是將頭髮束起來形成圓形或半球形

提示詞： upper body,face to camera,1girl,hair_bun,school uniform

麻花辮馬尾 braided_ponyta

詞語解析： 麻花辮馬尾是先將頭髮集
紮在頭後方，然後再將頭
編成辮子的髮型

提示詞： upper body,face to camera,1girl,braided_ponytail,school uniform

丸子頭 double_bun

詞語解析： 丸子頭是將頭髮在頭部
側分別束起來，形成兩個
形的髮髻

提示詞： upper body,face to camera,1girl,double_bun,school uniform

短髮和部分長髮 short_hair_with_long_locks

詞語解析： 這是一種將短髮和長髮相結合的髮型設計

提示詞： upper body,face to camera,1girl,short_hair_with_long_locks, school uniform

長呆毛 antenna_hair

詞語解析： 長呆毛是指在頭上翹起的一撮較長的頭髮

提示詞： upper body,face to camera,1girl,antenna_hair,school uniform

短呆毛 ahoge

詞語解析： 短呆毛是指在頭上翹起的一撮較短的頭髮

提示詞： upper body,face to camera,1girl,ahoge, school uniform

心形呆毛 heart_ahoge

詞語解析： 心形呆毛是指在頭上翹起的一撮呈心形的頭髮

提示詞： upper body,face to camera,1girl,heart_ahoge,school uniform

長髮 long_hair

詞語解析： 長髮是指長度過肩或者更長的頭髮

提示詞： upper body,face to camera,1girl,long_hair, school uniform

短髮 short_hair

詞語解析： 短髮是指長度在脖子處不過肩的或者更短的頭髮

提示詞： upper body,face to camera,1girl, short_hair, school uniform

中等長髮 medium_hair

詞語解析： 中等長髮是指長度在肩膀處的頭髮

提示詞： upper body,face to camera,1girl,medium_hair,school uniform

眼睛之間的頭髮 hair_between_eyes

詞語解析： 眼睛之間的頭髮是指有一撮頭髮在兩眼之間的髮型

提示詞： upper body,face to camera, 1girl,hair_between_eyes,school uniform

頭髮覆蓋一隻眼 hair_over_one_eye

詞語解析： 指部分頭髮完全或部分遮擋住了一隻眼睛

提示詞： upper body,face to camera,1girl,hair_over_one_eye,school uniform

頭髮撥到耳後 hair_behind_ear

詞語解析： 這是指將頭髮撥至耳後，使耳朵露出來的髮型

提示詞： upper body,face to camera,1girl,hair_behind_ear,school uniform

黑色頭髮 black_hair

詞語解析： 指深黑色的髮色，這是一種最常見的髮色

提示詞： upper body,face to camera,1girl,black_hair,school uniform

棕色頭髮 brown_hair

詞語解析： 指介於黑色和淺褐色之間的髮色

提示詞： upper body,face to camera,1girl,brown_hair,school uniform

藍色頭髮 blue_hair

詞語解析： 即染成藍色的頭髮

提示詞： upper body,face to camera,1girl,blue_hair, school uniform

綠色頭髮 green_hair

詞語解析： 即染成綠色的頭髮

提示詞： upper body,face to camera,1girl,green_hair, school uniform

粉色頭髮 pink_hair

詞語解析： 即染成粉色的頭髮

提示詞： upper body,face to camera,1girl,pink_hair, school uniform

紅色頭髮 red_hair

詞語解析： 即染成紅色的頭髮

提示詞： upper body,face to camera, 1girl,red_hair, school uniform

鉑金色頭髮 platinum_blonde_hair

詞語解析： 即染成鉑金色的頭髮

提示詞： upper body,face to camera,1girl,platinum_blonde_hair,school uniform

水藍色頭髮 aqua_hair

詞語解析： 即染成水藍色的頭髮

提示詞： upper body,face to camera,1girl,aqua_hair,school uniform

銀色頭髮 silver_hair

詞語解析： 即染成銀色的頭髮

提示詞： upper body,face to camera,1girl,silver_hair,school uniform

灰色頭髮 grey_hair

詞語解析： 即染成灰色的頭髮

提示詞： upper body,face to camera,1girl,grey_hair,school uniform

金髮 blonde_hair

詞語解析： 即染成金色的頭髮

提示詞： upper body,face to camera,1girl,blonde_hair,school uniform

多色的頭髮 multicolored_hair

詞語解析： 多色的頭髮是指在頭髮上使用多種顏色染色，創造出豐富多彩的效果

提示詞： upper body,face to camera,1girl,multicolored_hair,school uniform

挑染 streaked_hair

詞語解析： 挑染是將一部分頭髮染上不同顏色的髮色

提示詞： upper body,face to camera,1girl,streaked_hair,school uniform

有光澤的頭髮 shiny_hair

詞語解析： 有光澤的頭髮是指看起來光滑且有光澤度的頭髮

提示詞： upper body,face to camera,1girl,shiny_hair,school uniform

蓬鬆的頭髮 ruffling_hair

詞語解析： 蓬鬆的頭髮是指看起來豐盈、蓬鬆、有體積感的頭髮

提示詞： upper body,face to camera,1girl,ruffling_hair,school uniform

淩亂的頭髮 messy_hair

詞語解析： 淩亂的頭髮是一種看起來隨意、不整齊的頭髮

提示詞： upper body,face to camera,1girl,messy_hair,school uniform

散開的頭髮 hair_spread_out

詞語解析： 散開的頭髮是指頭髮不束起或不綁起的狀態

提示詞： upper body,face to camera,1girl,hair_spread_out,school uniform

飄起的頭髮 hair_flowing_over

詞語解析： 飄起的頭髮通常是指頭髮在空中隨風飄動的效果

提示詞： upper body,face to camera,1girl,hair_flowing_over,school uniform

跳動的頭髮 bouncing_hair

詞語解析： 跳動的頭髮是指頭髮在運動或活動中呈現出跳躍、搖擺的效果

提示詞： upper body,face to camera,1girl,bouncing_hair,school uniform

紮頭髮 tying_hair

詞語解析： 紮頭髮是指將頭髮束起來固定在一起的動作

提示詞： upper body,face to camera,1girl,tying_hair,school uniform

手放頭髮上 hand_in_own_hair

詞語解析： 將手輕觸頭髮，通常表示一種輕鬆或自信的姿態

提示詞： upper body,face to camera,1girl,hand_in_own_hair,school uniform

調整頭髮 adjusting_hair

詞語解析： 調整頭髮是指對頭髮進行整理、改變，以達到理想的造型

提示詞： upper body,face to camera,1girl,adjusting_hair,school uniform

托起頭髮 hair_lift

詞語解析： 托起頭髮是將頭髮全部或部分舉起的動作

提示詞： upper body,face to camera,1girl,hair_lift, school uniform

束高髮 hair_up

詞語解析： 束高髮是指將頭髮向上束起，使其遠離頸部

提示詞： upper body,face to camera,1girl,hair_up, school uniform

禿頭 bald

詞語解析： 禿頭是指頭部完全沒有頭髮

提示詞： upper body,face to camera,1male,bald, school uniform

側分 slicked-back

詞語解析： 側分是指將一部分頭髮梳向頭的一側

提示詞： upper body,face to camera,1male,slicked-back,school uniform

光滑的倒背頭 slicked back hair

詞語解析： 光滑的倒背頭是指頭髮被平整地梳向後方，沒有明顯的蓬鬆或淩亂

提示詞： upper body,face to camera,1male,slicked back hair,school uniform

爆炸頭 afro

詞語解析： 爆炸頭是指頭頂部分的頭髮由於蓬鬆而豐盈，呈現出向外擴散的效果

提示詞： upper body,face to camera,1male,afro, school uniform

刺頭 spiked hair

詞語解析： 刺頭是指頭髮呈現出豎立的形態

提示詞： upper body,face to camera,1male,spiked hair,school uniform

男版丸子頭 man bun

詞語解析： 男版丸子頭是將頭髮集中在頭頂上方，形成一個圓形的髮髻

提示詞： upper body,face to camera,1male,man bun

第3章

人物的面部細節在角色設定中起著至關重要的作用，它們能夠鮮明地表達角色的個性特點、情緒狀態。面部細節包括眼睛、鼻子、嘴巴和耳朵等部分，每個細節都能夠為角色賦予獨特的魅力和視覺效果。

3.1 面部表情

人物是通過面部表情來表達角色的內心世界和情緒狀態的。

眼睛

眼睛可以有不同的形狀、大小和顏色。

鼻子

鼻子通常以簡化的形式出現，有時是一個小圓點，有時是一條簡短的線條。

嘴巴

嘴巴可以是小巧的、豐滿的，也可以是帶有弧度的。

耳朵

耳朵可以是普通的耳朵形狀，也可以是帶有特殊裝飾或動 物特徵的耳朵形狀。

笑

笑可以表達開心、幸福、快樂等情感。笑的時候眼睛通常會變得明亮，眉毛可能會微微上揚，整個面部呈現出愉悅的狀態。

哭

哭可以表達悲傷、傷心或者失望等情感。哭的時候人物的眼角下垂、嘴巴下彎，眉毛有可能會皺起。

生氣

生氣通常用於表達人物的憤怒或不滿。生氣的時候眉頭緊鎖、嘴唇緊咬，人物的目光顯得銳利。

明亮的眼睛 light_eyes

詞語解析： 明亮的眼睛是指亮度較高的眼睛

提示詞： portrait,face to camera, light_eyes,school uniform

閃亮的眼睛 shiny_eyes

詞語解析： 閃亮的眼睛是指眼睛裡發出閃爍或閃耀的光芒

提示詞： portrait,face to camera, shiny_eyes,school uniform

漸變眼睛 gradient_eyes

詞語解析： 指眼睛顏色在不同區域或不同光線下呈現出漸變的效果

提示詞： portrait,face to camera, gradient_eyes,school uniform

黯淡的眼睛 empty_eyes

詞語解析： 指眼睛失去了通常情況下的光澤或明亮的外觀

提示詞： portrait,face to camera, empty_eyes,school uniform

空洞的眼睛 hollow_eyes

詞語解析： 空洞的眼睛是指眼神空洞，人物表情淡漠

提示詞： portrait, face to camera, hollow_eyes,school uniform

邪惡的眼睛 evil_eyes

詞語解析： 邪惡的眼睛是指人物呈現出邪惡、兇狠或不友善的眼神

提示詞： portrait,face to camera, evil_eyes,school uniform

堅定的眼睛 solid_eyes

詞語解析： 堅定的眼睛是指通過眼神表現出堅定和自信的狀態

提示詞： portrait,face to camera, solid_eyes,school uniform

瘋狂的眼睛 crazy_eyes

詞語解析： 瘋狂的眼睛是指人物通過眼神表現出瘋狂、失控的狀態

提示詞： portrait,face to camera, crazy_eyes,school uniform

多彩多姿的眼睛 multicolored_eyes

詞語解析： 是指眼睛的顏色或外觀呈現出豐富多樣的色彩變化

提示詞： portrait, face to camera, multicolored_eyes,school uniform

瞳孔 pupils

詞語解析： 瞳孔是指眼睛內虹膜中心的小圓孔

提示詞： portrait, face to camera, pupils,school uniform

星星眼 sparkling_eyes

詞語解析： 是指瞳孔的形狀呈現出類似星形的特徵

提示詞： portrait,face to camera, sparkling_eyes,school uniform

心形眼 heart_in_eye

詞語解析： 是指瞳孔的形狀呈現出類似心形的特徵

提示詞： portrait, face to camera, heart_in_eye,school uniform

閃光動畫眼 sparkling_anime_eyes

詞語解析： 閃光動畫眼是一種在動畫或漫畫中經常出現的特殊眼睛效果

提示詞： portrait,face to camera, sparkling_anime_eyes,school uniform

青色眼睛 aqua_eyes

詞語解析： 青色眼睛是指眼睛呈現明亮而清澈的藍綠色調

提示詞： portrait, face to camera, aqua_eyes,school uniform

異色症 heterochromia

詞語解析： 異色症是指同一人的兩隻眼睛具有不同的顏色

提示詞： portrait,face to camera, heterochromia ,school uniform

藍色眼睛 blue_eyes

詞語解析： 藍色眼睛是指眼睛呈現明亮的藍色調

提示詞： portrait,face to camera, blue_eyes,school uniform

棕色眼睛 brown_eyes

詞語解析： 棕色眼睛是指眼睛呈現棕色或褐色

提示詞： portrait, face to camera, brown_eyes,school uniform

銀色眼睛 silver_eyes

詞語解析： 銀色眼睛是指眼睛呈現銀灰色或銀白色調

提示詞： portrait, face to camera, silver_eyes,school uniform

紫色眼睛 purple_eyes

詞語解析： 紫色眼睛是指眼睛呈現紫色或藍紫色調

提示詞： portrait, face to camera, purple_eyes,school uniform

橙色眼睛 orange_eyes

詞語解析： 橙色眼睛是指眼睛呈現橙色或橘色調

提示詞： portrait, face to camera, orange_eyes,school uniform

粉色眼睛 pink_eyes

詞語解析： 粉色眼睛是指眼睛呈現粉紅色調

提示詞： portrait,face to camera, pink_ eyes,school uniform

綠色眼睛 green_eyes

詞語解析： 綠色眼睛是指眼睛呈現綠色的色調

提示詞： portrait,face to camera, green_eyes,school unifor

惡魔之眼 devil_eyes

詞語解析： 惡魔之眼是指通過人物眼神呈現出邪惡的表情

提示詞： portrait, face to camera, devil_eyes,school uniform

眼淚 tears

詞語解析： 眼淚是指從眼睛裡流出的液體

提示詞： portrait, face to camera, tears,school uniform

閉著一隻眼 one_eye_closed

詞語解析： 一隻眼睛完全或部分閉上，而另一隻眼睛仍然保持睜開狀態

提示詞： portrait,face to camera, one_ eye_closed,school uniform

半閉眼 half_closed_eyes

詞語解析： 半閉眼是指雙眼沒有完全閉上

提示詞： portrait,face to camera, half_ closed_eyes,school uniform

點狀鼻 dot_nose

詞語解析： 點狀鼻是指像小圓點一樣小巧的鼻子

提示詞： portrait,face to camera, dot_ nose,school uniform

閉上的嘴 closed_mouth

詞語解析： 閉上的嘴是指嘴唇緊閉，無法看到口腔內部

提示詞： portrait, face to camera, closed_mouth,school uniform

嘟嘴 pout

詞語解析： 嘟嘴是指通過唇部肌肉使嘴唇向前突出

提示詞： portrait,face to camera, pout,school uniform

嘴巴微張 parted_lips

詞語解析： 嘴巴微張是指上下唇分開，露出些許口腔內部

提示詞： portrait,face to camera, parted_ lips,school uniform

張嘴 open_mouth

詞語解析： 張嘴是指張開嘴巴，使口腔內部完全暴露出來

提示詞： portrait,face to camera, open_ mouth,school uniform

流口水 drooling

詞語解析： 流口水是指唾液從口腔中流出

提示詞： portrait,face to camera, drooling,school uniform

上牙 upper_teeth

詞語解析： 上牙是指位於上頜(上口腔)的牙齒，也被稱為上頜牙

提示詞： portrait,face to camera, upper_ teeth,school uniform

虎牙 fang

詞語解析： 虎牙是指位於上頜側切牙後面的一對尖銳牙齒

提示詞： portrait,face to camera, fang,school uniform

鋒利的牙齒 sharp_teeth

詞語解析： 鋒利的牙齒是指尖銳的牙齒

提示詞： portrait,face to camera, sharp_teeth,school uniform

咬緊牙關 clenched_teeth

詞語解析： 咬緊牙關是指將上下牙齒緊緊地閉合在一起

提示詞： portrait,face to camera, clenched_teeth, school uniform

獸耳 animal_ears

詞語解析： 獸耳是指擁有動物的耳朵

提示詞： portrait,face to camera, animal_ ears,school uniform

貓耳朵 cat_ears

詞語解析： 貓耳朵通常是小而尖的，位於頭部兩側

提示詞： portrait,face to camera, cat_ ears,school uniform

狗耳朵 dog_ears

詞語解析： 不同狗的品種，其耳朵形狀也各異

提示詞： portrait,face to camera, dog_ears,school uniform

狐狸耳朵 fox_ears

詞語解析： 狐狸耳朵通常是長而尖的，帶有漸變顏色

提示詞： portrait,face to camera, fox_ears,school uniform

獅子耳朵 lion_ears

詞語解析： 獅子耳朵的面積比較大

提示詞： portrait,face to camera, lion_ears,school uniform

老虎耳朵 tiger_ears

詞語解析： 老虎耳朵呈三角形，尖銳且直立，帶有紋路

提示詞： portrait,face to camera, tiger_ears,school uniform

郊狼耳朵 coyote_ears

詞語解析： 郊狼耳朵通常是直立且尖銳的，稍微向前傾斜

提示詞： portrait,face to camera, coyote_ears,school uniform

馬耳朵 horse_ears

詞語解析： 馬的耳朵通常是大而長的，直立或稍微向前傾斜

提示詞： portrait,face to camera, horse_ears,school uniform

浣熊耳朵 raccoon_ears

詞語解析： 浣熊的耳朵通常呈圓形，略微尖銳

提示詞： portrait,face to camera, raccoon_ears,school uniform

熊耳朵 bear_ears

詞語解析： 熊耳朵通常是圓形或微微尖銳的，較大

提示詞： portrait,face to camera, bear_ears,school uniform

熊貓耳朵 panda_ears

詞語解析： 熊貓耳朵通常是圓形的

提示詞： portrait,face to camera, panda_ears,school uniform

松鼠耳朵 squirrel_ears

詞語解析： 松鼠耳朵通常突出於頭部兩側，尖銳且直立

提示詞： portrait,face to camera, squirrel_ears,school uniform

老鼠耳朵 mouse_ears

詞語解析： 老鼠耳朵呈圓形且也比較突出

提示詞： portrait,face to camera, mouse_ears,school uniform

尖耳朵 pointy_ears

詞語解析： 尖耳朵是指耳朵的形狀尖銳、突出

提示詞： portrait,face to camera, pointy_ears,school uniform

羊駝耳朵 alpaca_ears

詞語解析： 羊駝耳朵長而尖

提示詞： portrait,face to camera, alpaca_ears,school uniform

機器人耳朵 robot_ears

詞語解析： 機器人耳朵是指設計用於機器人身上的人工耳朵

提示詞： portrait,face to camera, robot_ears,school uniform

眼影 eyeshadow

詞語解析： 一種用於裝飾眼睛周圍的彩妝效果

提示詞： portrait,face to camera, eyeshadow,1girl,school uniform

腮紅 blush

詞語解析： 腮紅是一種化妝品，用於給臉頰增添紅潤色彩

提示詞： portrait,face to camera, blush,1girl,school uniform

長睫毛 long_eyelashes

詞語解析： 長睫毛是指睫毛的長度相對較長

提示詞： portrait,face to camera, long_eyelashes,1girl, school uniform

鼻腮紅 nose_blush

詞語解析： 鼻腮紅是指在鼻子和臉頰部位使用腮紅

提示詞： portrait,face to camera, nose_blush,1girl,school uniform

口紅 lipstick

詞語解析： 口紅是一種用於塗抹在嘴唇上的化妝品

提示詞： portrait,face to camera, lipstick,1girl,school uniform

唇蜜 lipgloss

詞語解析： 唇蜜與口紅類似，也是一種用於塗抹在嘴唇上的化妝品

提示詞： portrait,face to camera, lipgloss,1girl,school uniform

紅唇 red_lips

詞語解析： 紅唇是指用口紅或唇蜜將嘴唇塗抹成紅色的化妝效果

提示詞： portrait,face to camera, red_lips,1girl,school uniform

化妝 makeup

詞語解析： 化妝是指使用化妝品和化妝工具來裝扮外貌或強調面部特徵

提示詞： portrait,face to camera, makeup,1girl,school uniform

痣 mole

詞語解析： 痣是皮膚上的一種色素沉著，通常呈現為小而圓的斑點

提示詞： portrait,face to camera, mole,school uniform

額頭標記 forehead_mark

詞語解析： 通過在額頭上繪製特定的圖案或符號來增加個人風格

提示詞： portrait,face to camera, forehead_mark,school uniform

雀斑 freckles

詞語解析： 雀斑是一種皮膚疾病，通常呈現為小而淡褐色的斑點

提示詞： portrait,face to camera, freckles,school uniform

面部彩繪 facepaint

詞語解析： 面部彩繪是指在面部使用彩妝進行繪畫裝飾

提示詞： portrait,face to camera, facepaint,school uniform

疤痕 scar

詞語解析： 疤痕是皮膚損傷後癒合修復的產物

提示詞： portrait,face to camera, scar,school uniform

面部瘀傷 bruise_on_face

詞語解析： 面部瘀傷通常指面部出現了瘀血的情況

提示詞： portrait,face to camera, bruise_on_face,school uniform

食物顆粒在臉上 food_on_face

詞語解析： 指人物面部留有食物顆粒

提示詞： portrait,face to camera, food_on_face,school uniform

小鬍子 mustache

詞語解析： 小鬍子通常指男性或部分女性鼻子下方生長的細小而濃密的鬍鬚

提示詞： portrait,face to camera, mustache,male,school uniform

微笑 smile

詞語解析： 微笑時通常嘴角上揚、牙齒微露

提示詞： portrait,face to camera, smile,school uniform

大笑 laughing

詞語解析： 大笑是一種情緒高漲的歡笑

提示詞： portrait, face to camera, laughing,school uniform

善良的微笑 kind_smile

詞語解析： 善良的微笑是一種溫和的笑容，它傳達著善意和友好

提示詞： portrait,face to camera, kind_smile,school uniform

開心地笑 :d

詞語解析： 開心地笑是人物心情愉悅的一種表現

提示詞： portrait,face to camera, :d,school uniform

露齒咧嘴笑 grin

詞語解析： 是指嘴角向兩側拉伸，嘴巴張開，露出牙齒的笑容

提示詞： portrait,face to camera, grin,school uniform

自鳴得意地笑 smirk

詞語解析： 自鳴得意地笑通常伴隨著嘴角微微上揚和自信的眼神

提示詞： portrait,face to camera, smirk,school uniform

魅惑的微笑 seductive_smile

詞語解析： 魅惑的微笑通常伴隨著上揚的嘴角、柔和的眼神和垂眼的姿態

提示詞： portrait,face to camera, seductive_smile,school uniform

咯咯傻笑 giggling

詞語解析： 傻笑時通常嘴巴張大，有時還可能伴隨著比較活躍的肢體動作

提示詞： portrait,face to camera, giggling,school uniform

洋洋得意地笑 smug

詞語解析： 洋洋得意是一種自滿的表情，常伴隨著微笑的面龐和挺直的體態

提示詞： portrait,face to camera, smug,school uniform

瘋狂地笑 crazy_smile

詞語解析： 瘋狂地笑通常伴隨著放聲大笑、嘴巴張大，或誇張的肢體動作

提示詞： portrait,face to camera, crazy_smile,school uniform

邪惡地笑 evil smile

詞語解析： 邪惡地笑是一種讓人害怕的笑容

提示詞： portrait,face to camera, evil smile,school uniform

開心的眼淚 happy_tears

詞語解析： 開心的眼淚通常伴隨著微笑而流出來

提示詞： portrait,face to camera, happy_tears,school uniform

傷心 sad

詞語解析： 傷心時表現為眉頭緊鎖、嘴角下垂、眼神迷茫

提示詞： portrait,face to camera, sad,school uniform

流淚 tear

詞語解析： 眼淚從眼角滑落，並沿著臉頰流下

提示詞： portrait,face to camera, tear,school uniform

大哭 crying

詞語解析： 眼淚不停地流下來，有時還伴隨著顫抖的嘴唇

提示詞： portrait,face to camera, crying,school uniform

淚如雨下 streaming_tears

詞語解析： 淚如雨下形容眼淚大量地流下來，像雨水一樣密集而持續

提示詞： portrait,face to camera, streaming_tears,school uniform

淚珠 teardrop

詞語解析： 淚珠通常呈圓形或半圓形

提示詞： portrait,face to camera,
teardrop,school uniform

要哭的表情 tearing_up

詞語解析： 要哭時表現為眼淚開始在
眼睛內聚積，嘴角下垂、
眉頭緊鎖等

提示詞： portrait,face to camera,
tearing_up,school unifor

心情不好 badmood

詞語解析： 心情不好通常表現為眉頭
皺起，嘴角向下彎曲

提示詞： portrait,face to camera,
badmood,school uniform

沮喪 frustrated

詞語解析： 沮喪通常表現為面部肌肉
鬆弛下垂，嘴角向下彎曲
的表情

提示詞： portrait,face to camera,
frustrated,school uniform

沮喪的眉頭 frustrated_brow

詞語解析： 沮喪的眉頭常與眉毛的下垂相伴

提示詞： portrait,face to camera, frustrated_brow,school uniform

憂鬱的 gloom

詞語解析： 憂鬱時的面部表情呈呆滯狀，臉部肌肉鬆弛，缺乏活力

提示詞： portrait,face to camera, gloom,school uniform

失望的 disappointed

詞語解析： 失望的表情伴隨著眼神失焦、嘴角下垂和眉頭微微皺起的特徵

提示詞： portrait,face to camera, disappointed,school uniform

絕望的 despair

詞語解析： 絕望的表情通常表現為眼神呆滯、眼眶下陷、嘴角下垂

提示詞： portrait,face to camera, despair,school uniform

輕蔑 disdain

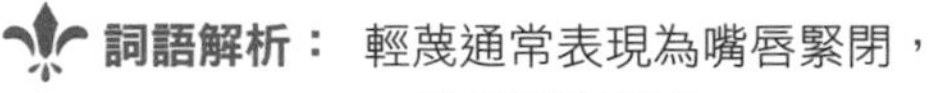

詞語解析： 輕蔑通常表現為嘴唇緊閉，一種輕視的表情

提示詞： portrait,face to camera, disdain,school uniform

蔑視 contempt

詞語解析： 蔑視通常表現為眉頭緊鎖，眼睛瞪大，眼神冷漠

提示詞： portrait,face to camera, contempt,school uniform

皺眉 frown

詞語解析： 皺眉表現為額頭的皺紋和眉頭緊鎖，臉部肌肉緊繃

提示詞： portrait,face to camera, frown,school uniform

畏縮 wince

詞語解析： 畏縮的表情通常伴隨眼神的躲避和眉毛的上挑

提示詞： portrait,face to camera, wince,school uniform

眉頭緊鎖 furrowed_brow

詞語解析： 眉頭緊鎖時眉心處會形成縱向的皺紋

提示詞： portrait,face to camera, furrowed_brow,school uniform

害怕側目 fear_kubrick

詞語解析： 害怕側目是指眼睛向側方看，同時表情緊張

提示詞： portrait,face to camera, fear_kubrick,school uniform

揚起眉毛 raised_eyebrows

詞語解析： 揚起眉毛是指抬高眉毛，使之處於比平常更高的位置

提示詞： portrait,face to camera, raised_eyebrows,school uniform

生氣的 angry

詞語解析： 生氣的表情通常包括眉毛緊鎖、眼神兇狠、嘴唇緊閉等

提示詞： portrait,face to camera, angry,school uniform

嚴肅的 serious

詞語解析： 嚴肅的表情表現為面部肌肉緊繃，眉毛皺起，嘴唇緊閉或微微下壓

提示詞： portrait,face to camera, serious,school uniform

側頭瞪著 kubrick_stare

詞語解析： 指將頭部稍微轉向一側，同時目光集中地盯著某人或某物

提示詞： portrait,face to camera, kubrick_stare,school uniform

邪惡的 evil

詞語解析： 邪惡的表情包括眉毛微微皺起，嘴角上翹，形成一種狡猾或挑釁的微笑

提示詞： portrait,face to camera, evil,school uniform

尖叫 screaming

詞語解析： 尖叫是指發出尖銳的聲音，伴隨著張大嘴巴和瞪大眼睛

提示詞： portrait,face to camera, screaming,school uniform

害羞的 shy

詞語解析： 害羞表現為面部微微泛紅，眼神躲閃或望向地面，嘴唇緊閉

提示詞： portrait,face to camera, shy,school uniform

緊張的 nervous

詞語解析： 緊張的表情通常表現為眉頭緊鎖，面部肌肉緊繃

提示詞： portrait,face to camera, nervous,school uniform

慌張的 flustered

詞語解析： 慌張的表情通常表現為眼神慌忙，面部表情緊張

提示詞： portrait,face to camera, flustered,school uniform

流汗 sweat

詞語解析： 流汗通常指面部或頸部出現汗水

提示詞： portrait,face to camera, sweat,school uniform

害怕的 scared

詞語解析： 害怕表現為眼睛睜大，眉毛上挑，嘴巴張開或顫抖

提示詞： portrait,face to camera, scared,school uniform

想睡的 sleepy

詞語解析： 想睡的表情通常表現為眼睛睜不開，面部肌肉鬆弛

提示詞： portrait,face to camera, sleepy,school uniform

面無表情 expressionless

詞語解析： 也稱為無情或冷漠的表情，是指面部沒有明顯的情緒表達

提示詞： portrait,face to camera, expressionless,school uniform

喝醉的 drunk

詞語解析： 喝醉的表情通常表現為眼神迷離，面部表情鬆弛或扭曲

提示詞： portrait,face to camera, drunk,school uniform

無聊的 bored

詞語解析： 無聊的表情通常表現為眼神漫無目標

提示詞： portrait,face to camera, bored,school uniform

困惑的 confused

詞語解析： 困惑的表情通常表現為眉頭緊鎖、眼神迷茫或疑惑

提示詞： portrait,face to camera, confused,school uniform

堅定的 determined

詞語解析： 堅定的表情通常表現為眼神堅定

提示詞： portrait,face to camera, determined,school uniform

傲嬌 tsundere

詞語解析： 傲嬌的表情通常表現為嘴角微微上揚、表情不屑

提示詞： portrait,face to camera, tsundere,school uniform

病嬌 yandere

詞語解析： 病嬌是指外表溫柔善良的角色內心隱藏著病態、狂熱的一面

提示詞： portrait,face to camera, yandere,school uniform

抽搐 twitching

詞語解析： 抽搐時面部肌肉緊繃，可能伴隨著眉頭皺起或嘴巴緊閉等動作

提示詞： portrait,face to camera, twitching,school uniform

嫌棄的眼神 scowl

詞語解析： 嫌棄的眼神一般表現為眼神冷漠

提示詞： portrait,face to camera, scowl,school uniform

顫抖 trembling

詞語解析： 顫抖時面部肌肉不自主地抽動

提示詞： portrait,face to camera, trembling,school uniform

嫉妒 envy

詞語解析： 嫉妒的表情可能表現為面部緊繃、眼神不悅、皺眉

提示詞： portrait,face to camera,envy,school uniform

重呼吸 heavy_breathing

詞語解析： 重呼吸時呼吸深度增加，節奏加快，可能伴隨著明顯的喘息聲

提示詞： portrait,face to camera,heavy_breathing,school uniform

孤獨 lonely

詞語解析： 孤獨的人其面部表情消沉或悲傷，眼睛望向遠方或目光空洞

提示詞： portrait,face to camera,lonely,school uniform

忍耐 endured_face

詞語解析： 忍耐的表情可能表現為皺眉、咬緊牙關，眼神專注或凝視前方

提示詞： portrait,face to camera,endured_face,school uniform

淘氣的 naughty

詞語解析： 淘氣通常表現為嘴角向上揚起，表現出調皮的神態

提示詞： portrait,face to camera, naughty,school uniform

呻吟 moaning

詞語解析： 人物呻吟時面部肌肉緊繃或扭曲，眉頭皺起

提示詞： portrait,face to camera, moaning,school uniform

黑化 dark_persona

詞語解析： 黑化是指原本正常的人在受到刺激後逐漸變得邪惡的過程

提示詞： portrait,face to camera, dark_persona,school uniform

筋疲力盡 exhausted

詞語解析： 筋疲力盡是指身體和精神上極度疲勞的狀態

提示詞： portrait,face to camera, exhausted,school uniform

第4章 人物服飾

通過服飾的顏色、款式和細節，能夠傳達角色的性格特點。例如，鮮豔的顏色和誇張的造型可以表現出角色的活潑和開朗，而深沉的色調和簡約的設計則可能傳遞出角色的內斂和神秘。

4.1 服飾樣式

服飾包括上衣、裙子、褲子、襪子和鞋子等，它們都是塑造角色形象的重要元素，其樣式可以表達角色的個性，塑造出獨特而鮮明的形象。

上衣

上衣通常是指動漫人物穿在上半身的衣物，可以是襯衫、T 恤、外套、制服等。上衣的設計可以突出角色的個性、時尚風格和身份特徵。

裙子 / 褲子

裙子有各種長度和款式的設計，如短裙、長裙、連衣裙等，裙子的樣式可以表達角色的甜美、優雅、活潑或成熟等不同特質。褲子則有長褲、短褲、牛仔褲、運動褲等多種款式，褲子的設計則可以很好地展現角色的個性、時尚感和運動能力。

襪子

襪子在動漫人物形象中常常用來搭配裙子或短褲，有各種顏色、花紋和長度的襪子，如長筒襪、中筒襪、短襪等，其樣式可以增加角色形象的可愛、時尚和個性。

鞋子

鞋子是動漫人物的重要配飾，有各種款式和類型之分，如運動鞋、高跟鞋、靴子等。鞋子的設計要與服裝風格相呼應，以突出角色的時尚與個性。

襯衫 shirt

詞語解析： 襯衫通常由輕薄的布料製成

提示詞： cowboy_shot,shirt

女式襯衫 blouse

詞語解析： 女式襯衫是專為女性設計的上身服裝

提示詞： cowboy_shot,blouse

白襯衫 white_shirt

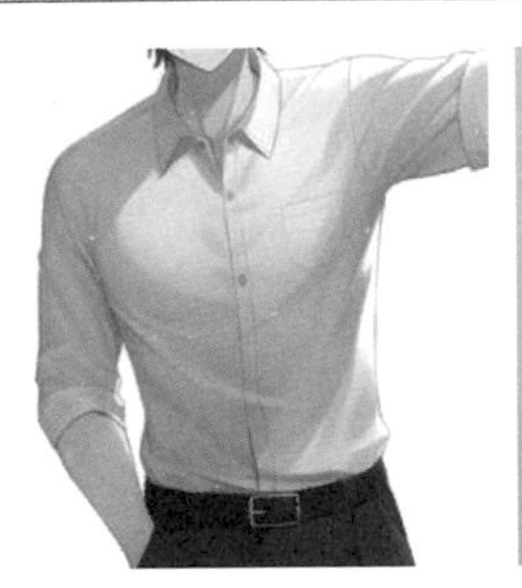
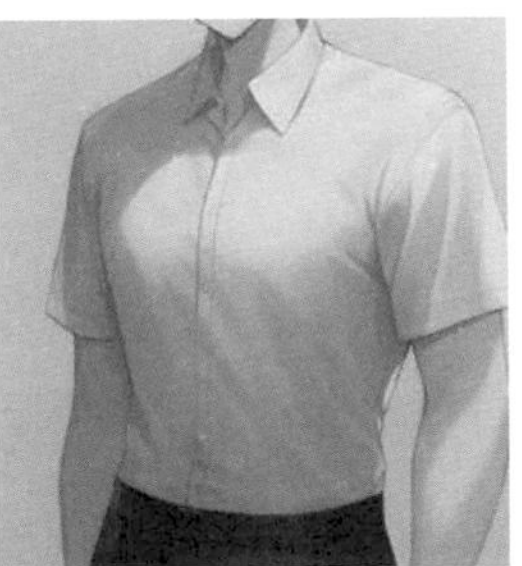

詞語解析： 白襯衫通常採用白色的面料製成，具有簡潔、乾淨的特點

提示詞： cowboy_shot,white_shirt

有領襯衫 collared_shirt

詞語解析： 有領襯衫是指具有衣領設計的襯衫

提示詞： cowboy_shot,collared_shirt

西服襯衫 dress_shirt

詞語解析： 西服襯衫是一種常見的正式襯衫款式，通常與西裝搭配穿著

提示詞： cowboy_shot,dress_shirt

水手服襯衫 sailor_shirt

詞語解析： 水手服襯衫是一種源於海軍制服的經典服裝款式

提示詞： cowboy_shot,sailor_shirt

T 恤 t-shirt

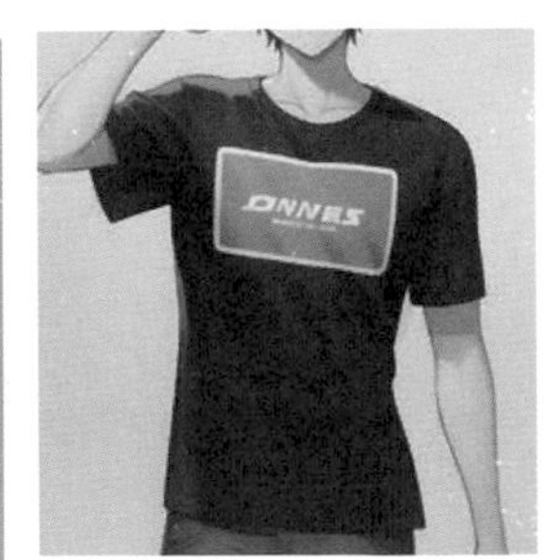

詞語解析： T 恤是一種常見的上衣款式，它以款式簡潔、穿著舒適的特點而受到大家喜愛

提示詞： cowboy_shot,t-shirt

印字的 T 恤 writing on clothes

詞語解析： 印字的 T 恤是指在 T 恤的正面或胸部位置印有文字、短語、標語或圖案

提示詞： cowboy_shot,writing on clothes

露肩襯衫 off-shoulder_shirt

詞語解析： 露肩襯衫通常具有寬鬆的設計，使肩部或上臂的皮膚部分暴露出來

提示詞： cowboy_shot,off-shoulder_shirt

開襟毛衣 cardigan

詞語解析： 開襟毛衣是一種具有前開口設計的毛衣款式，穿著和脫下會更加方便

提示詞： cowboy_shot,cardigan

交叉吊帶衫 criss-cross_halter

詞語解析： 交叉吊帶衫是指以吊帶的形式固定在肩部，然後在胸部或背部交叉

提示詞： cowboy_shot,criss-cross_halter

夏威夷衫 hawaiian_shirt

詞語解析： 夏威夷衫主要以熱帶風景、植物、花朵、動物等圖案為主題，色彩鮮豔且富有個性

提示詞： cowboy_shot,hawaiian_shirt

連帽衫 hoodie

詞語解析： 連帽衫是一款帶有連帽設計的上衣，可以用拉繩調節領後部帽子的鬆緊度

提示詞： cowboy_shot,hoodie

格子襯衫 plaid_shirt

詞語解析： 格子襯衫是一款帶有格子圖案的上衣，格子圖案由不同顏色的縱橫交錯的線條組成

提示詞： cowboy_shot,plaid_shirt

Polo 衫 polo_shirt

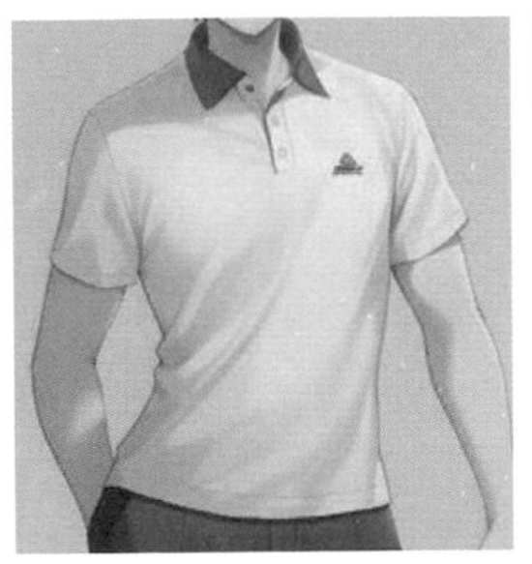

詞語解析： Polo 衫是一款短袖上衣，帶有領口

提示詞： cowboy_shot,polo_shirt

正式背心 waistcoat

詞語解析： 正式背心也被稱為馬甲或西裝背心，通常是無袖的，是一款常見的正裝

提示詞： cowboy_shot,waistcoat

吊帶背心 camisole

 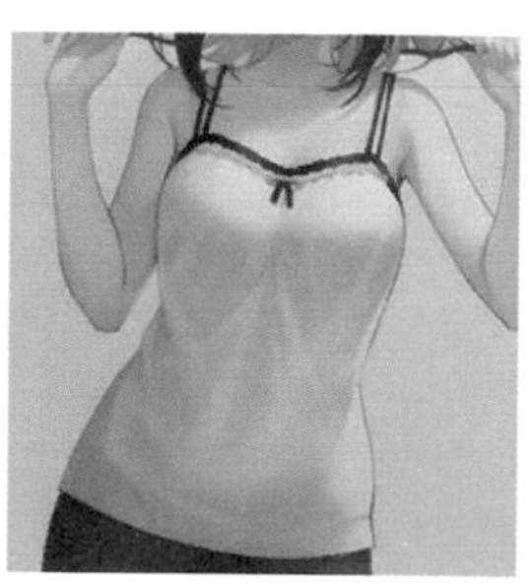  

詞語解析： 吊帶背心肩部採用細細的吊帶設計，通常露出背部

提示詞： cowboy_shot,1girl,camisole

打結上衣 tied_shirt

詞語解析： 打結上衣是將衣服前面的細帶，通過繫帶的方式來妝點衣服

提示詞： cowboy_shot,1girl,tied_shirt

短上衣 crop_top

詞語解析： 短上衣是一款長度較短的上裝，露出腰部以上的肌膚，以顯示人物優美的身體曲線

提示詞： cowboy_shot,1girl,crop_top

露背裝 back_cutout

詞語解析： 露背裝是一款設計獨特的著裝，露出背部肌膚，營造出性感和時尚的效果

提示詞： cowboy_shot,1girl,back_cutout

緊身衣 skin_tight_garment

詞語解析： 緊身衣營造出了女性性感和時尚的效果

提示詞： cowboy_shot,1girl,skin_tight_garment

露腰上衣 midriff

詞語解析： 露腰上衣是在腰部區域露出一部分皮膚，以展現 S 形的腰部線條

提示詞： cowboy_shot,1girl,midriff

束腰服裝 underbust

詞語解析： 指一款貼身的服裝，它緊密貼合身體輪廓，突出 S 形的曲線美

提示詞： cowboy_shot,1girl,underbust

大號的衣服 oversized_clothes

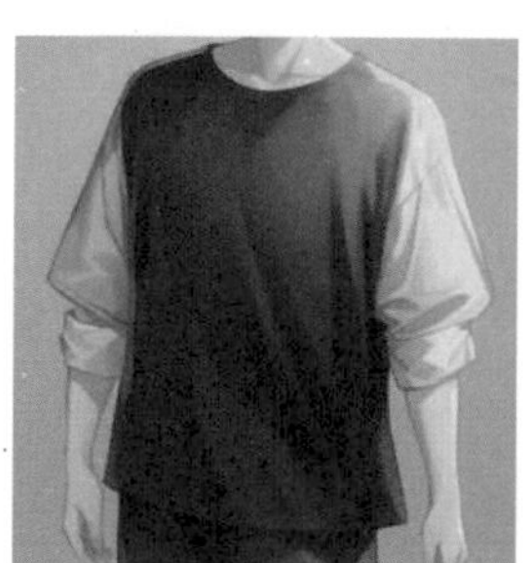

詞語解析： 大號的衣服是指比人物實際需要的尺寸還要大的服裝

提示詞： cowboy_shot,oversized_clothes

夾克 jacket

詞語解析： 夾克是一種常見的外套款式，可以輕鬆穿脫

提示詞： cowboy_shot,jacket

短款夾克 cropped_jacket

詞語解析： 短款夾克是一種長度較短的夾克款式，其長度通常在腰部或腰線以上

提示詞： cowboy_shot,cropped_jacket

運動夾克 track_jacket

詞語解析： 運動夾克是一種用於運動和戶外活動的夾克款式

提示詞： cowboy_shot,track_jacket

連帽運動夾克 hooded_track_jacket

詞語解析： 連帽運動夾克是一款具有帽子設計的運動外套，其結合了夾克的功能性和帽子的保護性

提示詞： cowboy_shot,hooded_track_jacket

軍裝夾克 military_jacket

詞語解析： 軍裝夾克是一款受軍事裝備啟發而設計的外套，具有軍隊服裝的特點和風格

提示詞： cowboy_shot,military_jacket

迷彩夾克 camouflage_jacket

 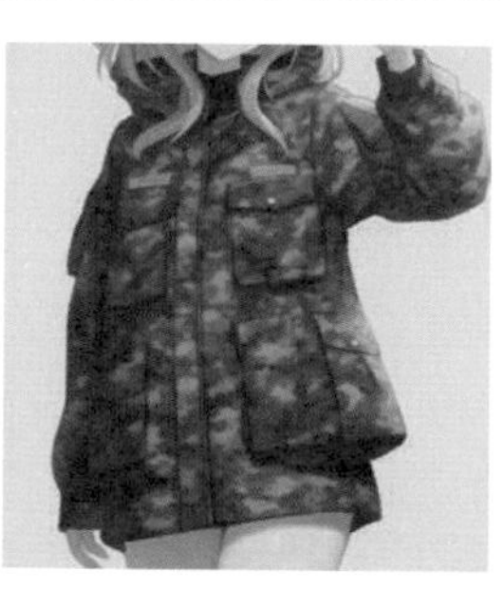  

詞語解析： 迷彩夾克是一款以迷彩圖案為主的夾克外套

提示詞： cowboy_shot,camouflage_jacket

皮夾克 leather_jacket

詞語解析： 皮夾克是一款採用皮革製作的外套，通常具有時尚、個性和酷感的特點

提示詞： cowboy_shot,leather_jacket

牛仔夾克 denim_jacket

詞語解析： 牛仔夾克是一款以牛仔布料製成的外套，通常具有經典的牛仔風格和設計

提示詞： cowboy_shot,denim_jacket

衝鋒衣 windbreaker

詞語解析： 衝鋒衣的設計簡潔實用，常於戶外探險時穿著

提示詞： cowboy_shot,windbreaker

毛衣 sweater

詞語解析： 毛衣是一款由毛線編織而成的上衣，具有保暖的作用

提示詞： cowboy_shot,sweater

羅紋毛衣 ribbed_sweater

詞語解析： 羅紋毛衣採用羅紋編織的方式，通過交替排列的線條形成縱向的條紋效果

提示詞： cowboy_shot,ribbed_sweater

毛衣背心 sweater_vest

詞語解析： 毛衣背心是一種無袖的毛衣款式

提示詞： cowboy_shot,sweater_vest

露背毛衣 backless_sweater

詞語解析： 露背毛衣是一種設計獨特的毛衣款式，其特點是在背部呈現出露背的效果

提示詞： cowboy_shot,1girl,backless_sweater

露肩毛衣 off-shoulder_sweater

詞語解析： 露肩毛衣是指在肩部呈現出露肩的效果，展現出女性的優雅和性感

提示詞： cowboy_shot,1girl,off-shoulder_sweater

條紋毛衣 striped_sweater

詞語解析： 條紋毛衣是一種常見且經典的毛衣款式，以水平或垂直的條紋圖案為特徵

提示詞： cowboy_shot,striped_sweater

羽絨服 puffer_jacket

詞語解析： 羽絨服是一款採用鳥類羽毛或合成材料填充的外套，具有保暖和防寒的效果

提示詞： cowboy_shot,puffer_jacket

圍裙 apron

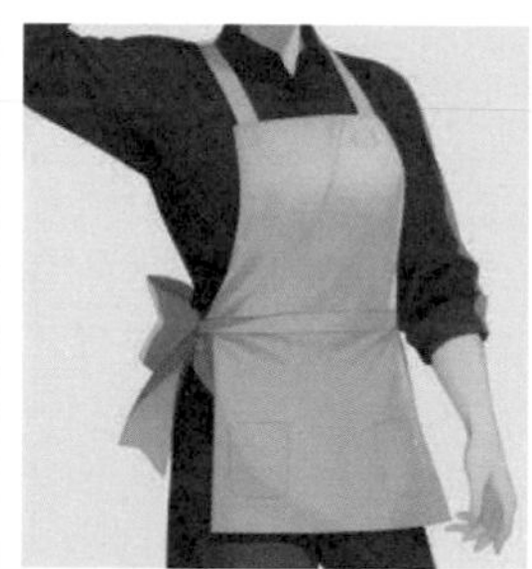

詞語解析： 圍裙通常穿著於廚房、餐廳等工作場所

提示詞： cowboy_shot,apron

腰間衣服 clothes_around_waist

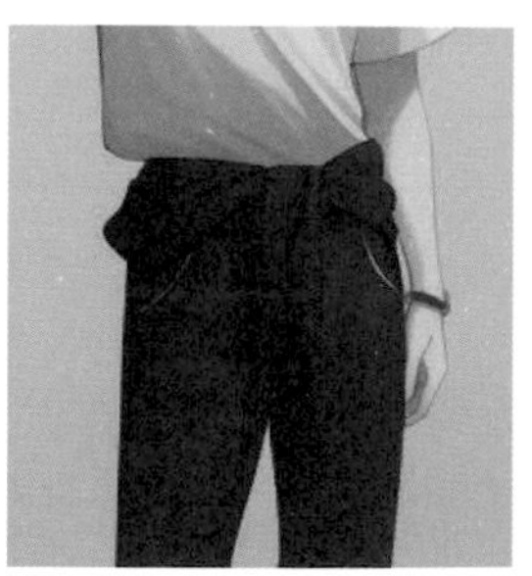

詞語解析： 腰間衣服是指將衣服繫在腰部位置

提示詞： cowboy_shot,clothes_around_waist

長擺風衣 trench_coat

詞語解析： 長擺風衣是一種長度較長、擺部寬大的風衣款式

提示詞： 4k,best quality,masterpiece,full body,trench_coat,smile

雨衣 raincoat

詞語解析： 雨衣是一款由防水材料製成的擋雨衣服，一般具有寬鬆的剪裁

提示詞： 4k,best quality,masterpiece,full body,raincoat,smile

大衣 overcoat

詞語解析： 大衣是一款長款的外套，通常延伸到膝蓋或腳踝的位置，覆蓋身體的大部分或全部

提示詞： 4k,best quality,masterpiece,full body,overcoat,smile

冬季大衣 winter_coat

詞語解析： 冬季大衣是專為寒冷季節設計的外套，具有保暖和防寒的功能

提示詞： 4k,best quality,masterpiece,full body,winter_coat,smile

連帽大衣 hooded_coat

詞語解析： 連帽大衣是一款設計上帶有帽子的長款外套

提示詞： 4k,best quality,masterpiece,full body,hooded_coat,smile

粗呢大衣 duffel_coat

詞語解析： 粗呢大衣是一款常見的冬季外套，通常使用粗紋呢絨面料製成

提示詞： 4k,best quality,masterpiece,full body,duffel_coat,smile

皮草大衣 fur_coat

詞語解析： 皮草大衣是一款由動物皮毛製成的外套，具有柔軟、舒適和保暖的特性

提示詞： 4k,best quality,masterpiece,full body,fur_coat,smile

派克大衣 parka

詞語解析： 派克大衣的長度通常至大腿部位，有時還會更長

提示詞： 4k,best quality,masterpiece,full body,parka,smile

冬裝 winter_clothes

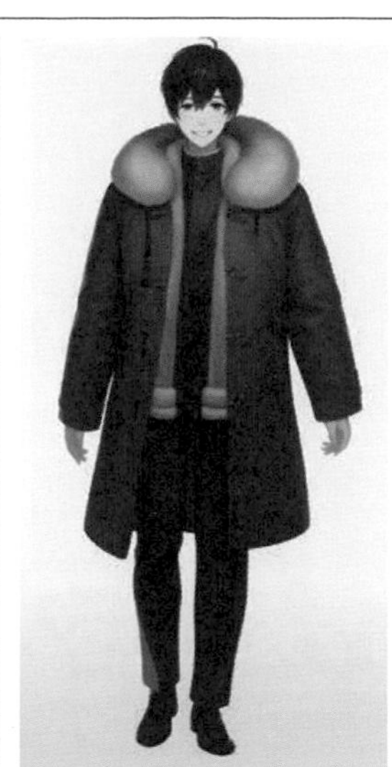

詞語解析： 冬裝是指在寒冷季節穿著的服飾，包括外套、毛衣和圍巾等，具有較強的保暖性

提示詞： 4k,best quality,masterpiece,full body,winter_clothes,smile

長款羽絨服 long down jacket

詞語解析： 長款羽絨服是一種常見的冬季外套，具有優秀的保暖性能

提示詞： 4k,best quality,masterpiece,full body,long down jacket,smile

多色款連體衣 multicolored_bodysuit

詞語解析： 多色款連體衣強調身體的輪廓和線條

提示詞： 4k,best quality,masterpiece,full body,multicolored_bodysuit,smile

彈力緊身衣 unitard

詞語解析： 彈力緊身衣是一款具有高度彈性的服裝，能夠緊緊貼合身體

提示詞： 4k,best quality,masterpiece,1girl,full body,unitard,smile

連身裙 dress

詞語解析： 連身裙是一款單件式女性服裝，採用一體式設計

提示詞： 4k,best quality,masterpiece,dress,full body,1girl,smile

迷你連身裙 microdress

詞語解析： 迷你連身裙是一款長度較短的連身裙，通常露出大部分的腿部

提示詞： 4k,best quality,masterpiece,microdress,full body,1girl,smile

長連身裙 long_dress

詞語解析： 長連身裙是一種延伸至腳踝或地面的連身裙款式

提示詞： 4k,best quality,masterpiece,long_dress,full body,1girl,smile

露肩連身裙 off-shoulder_dress

詞語解析： 露肩連身裙是將肩部露出，以展現迷人的肩線和鎖骨

提示詞： 4k,best quality,masterpiece,off-shoulder_dress,full body,1girl,smile

無肩帶連身裙 strapless_dress

詞語解析： 無肩帶連身裙是將肩部完全露出

提示詞： 4k,best quality,masterpiece,strapless_dress,full body,1girl,smile

露背連身裙 backless_dress

詞語解析： 露背連身裙有開放式的背部設計，以展示女性的性感與優雅

提示詞： 4k,best quality,masterpiece,backless_dress,full body,1girl,smile

繞頸露背吊帶裙 halter_dress

詞語解析： 繞頸露背吊帶裙是指裙子的吊帶圍繞頸部一圈，背部則完全顯露出來

提示詞： 4k,best quality,masterpiece,halter_dress,full body,1girl,smile

吊帶連身裙 sundress

詞語解析： 吊帶連身裙同時露出了女性的肩部和胳膊，也展示了女性的優雅

提示詞： 4k,best quality,masterpiece,sundress,full body,1girl,smile

無袖連身裙 sleeveless_dress

詞語解析： 無袖連身裙是指裙子上半部分沒有袖子，露出了女性的肩部和胳膊

提示詞： 4k,best quality,masterpiece,sleeveless_dress,full body,1girl,smile

水手服連身裙 sailor_dress

詞語解析： 水手服連身裙是一種經典的女性連身裙款式，具有明顯的水手服元素

提示詞： 4k,best quality,masterpiece,sailor_dress,full body,1girl,smile

圍裙式連身裙 pinafore_dress

詞語解析： 圍裙式連身裙的前方通常設計成圍裙的形狀，也具有口袋、褶皺、裝飾紐扣等細節

提示詞： 4k,best quality,masterpiece,pinafore_dress,full body,1girl,smile

毛衣連身裙 sweater_dress

詞語解析： 毛衣連身裙是一種以毛線製作而成的連身裙款式

提示詞： 4k,best quality,masterpiece,sweater_dress,full body,1girl,smile

戰甲裙 armored_dress

詞語解析： 戰甲裙是一種結合裝甲元素和連身裙設計的服裝款式

提示詞： 4k,best quality,masterpiece,armored_dress,full body,1girl,smile

花邊連身裙 frilled_dress

詞語解析： 花邊連身裙是一種裝飾有花邊細節的連身裙款式

提示詞： 4k,best quality,masterpiece,frilled_dress,full body,1girl,smile

蕾絲邊連身裙 lace-trimmed_dress

詞語解析： 蕾絲邊連身裙是一種以蕾絲邊作為主要裝飾元素的連身裙款式

提示詞： 4k,best quality,masterpiece,lace-trimmed_dress,full body,1girl,smile

有領連身裙 collared_dress

詞語解析： 有領連身裙是指在連身裙的領口部分設計了領子的款式

提示詞： 4k,best quality,masterpiece,collared_dress,full body,1girl,smile

毛皮鑲邊連身裙 fur-trimmed_dress

詞語解析： 毛皮鑲邊連身裙是一種在連身裙的邊緣部分鑲嵌有毛皮的款式

提示詞： 4k,best quality,masterpiece,fur-trimmed_dress,full body,1girl,smile

分層連身裙 layered_dress

詞語解析： 分層連身裙是一種在設計上具有多層疊加效果的連身裙款式

提示詞： 4k,best quality,masterpiece,layered_dress,full body,1girl,smile

百褶連身裙 pleated_dress

詞語解析： 百褶連身裙是一種以褶皺為特點的連身裙款式

提示詞： 4k,best quality,masterpiece,pleated_dress,full body,1girl,smile

鉛筆裙 pencil_dress

詞語解析： 鉛筆裙是一種貼身且修身的裙子款式，通常採用修身剪裁，貼合腰部和臀部線條

提示詞： 4k,best quality,masterpiece,pencil_dress,full body,1girl,smile

多色款連身裙 multicolored_dress

詞語解析： 多色款連身裙是一種具有多種顏色或色塊組合的連身裙款式

提示詞： 4k,best quality,masterpiece,multicolored_dress,full body,1girl,smile

條紋連身裙 striped_dress

詞語解析： 條紋連身裙是一種具有條紋圖案的連身裙款式

提示詞： 4k,best quality,masterpiece,striped_dress,full body,1girl,smile

格子連身裙 plaid_dress

詞語解析： 格子連身裙是一種具有格紋圖案的連身裙款式

提示詞： 4k,best quality,masterpiece,plaid_dress,full body,1girl,smile

波點連身裙 polka_dot_dress

詞語解析： 波點連身裙是一種具有波點圖案的連身裙款式

提示詞： 4k,best quality,masterpiece,polka_dot_dress,full body,1girl,smile

印花連身裙 print_dress

詞語解析： 印花連身裙是一種具有印花圖案裝飾的連身裙款式

提示詞： 4k,best quality,masterpiece,print_dress,full body,1girl,smile

豎條紋連身裙 vertical-striped_dress

詞語解析： 豎條紋連身裙是一種以豎直方向排列的條紋圖案裝飾的連身裙款式

提示詞： 4k,best quality,masterpiece,vertical-striped_dress,full body,1girl,smile

背帶裙 suspender_long_skirt

詞語解析： 背帶裙是一款具有背帶設計的裙子

提示詞： 4k,best quality,masterpiece,suspender_long_skirt,full body,1girl,smile

和服裙 kimono_skirt

詞語解析： 和服裙是一種傳統的日本服飾，裙子後面有大片後擺

提示詞： 4k,best quality,masterpiece,kimono_skirt,full body,1girl,smile

蓬蓬裙 bubble_skirt

詞語解析： 蓬蓬裙，也稱為蓬鬆裙或蓬蓬短裙，是一款具有蓬鬆效果的裙子

提示詞： 4k,best quality,masterpiece,bubble_skirt,full body,1girl,smile

有蝴蝶結的裙子 dress_bow

詞語解析： 指裙子上帶有蝴蝶結的裝飾

提示詞： 4k,best quality,masterpiece,dress_bow,full body,1girl,smile

迷你裙 miniskirt

詞語解析： 迷你裙是一款長度較短的裙子，通常裙擺位於大腿中部或以上

提示詞： 4k,best quality,masterpiece,miniskirt,lower body,1girl

比基尼裙 bikini_skirt

詞語解析： 比基尼裙是一款女性泳裝裙

提示詞： 4k,best quality,masterpiece,bikini_skirt,lower body,1girl

百褶裙 pleated_skirt

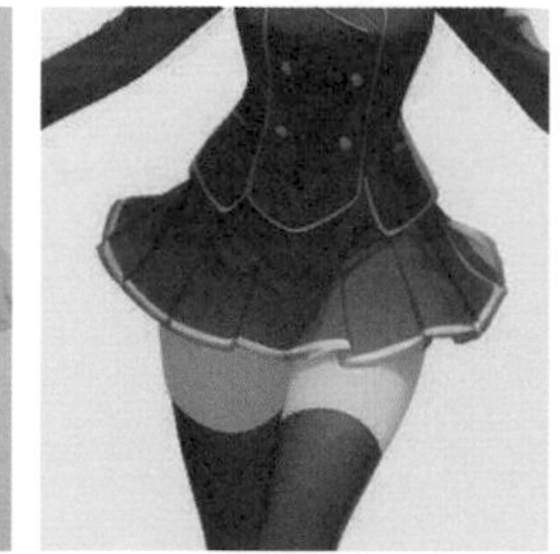

詞語解析： 百褶裙是一款以多層褶皺設計為特點的裙裝

提示詞： 4k,best quality,masterpiece,pleated_skirt,lower body,1girl

短鉛筆裙 pencil_skirt

詞語解析： 短鉛筆裙是一款長度較短且貼身的裙裝

提示詞： 4k,best quality,masterpiece,pencil_skirt,lower body,1girl

皮帶裙 beltskirt

詞語解析： 皮帶裙是一款使用皮帶或腰帶裝飾的裙子

提示詞： 4k,best quality,masterpiece,beltskirt,lower body,1girl

牛仔裙 denim_skirt

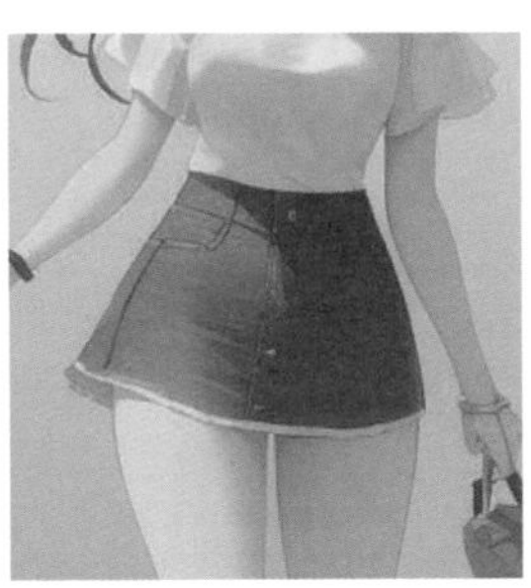

詞語解析： 牛仔裙是一款使用牛仔布料製作的裙子

提示詞： 4k,best quality,masterpiece,denim_skirt,lower body,1girl

短褲 shorts

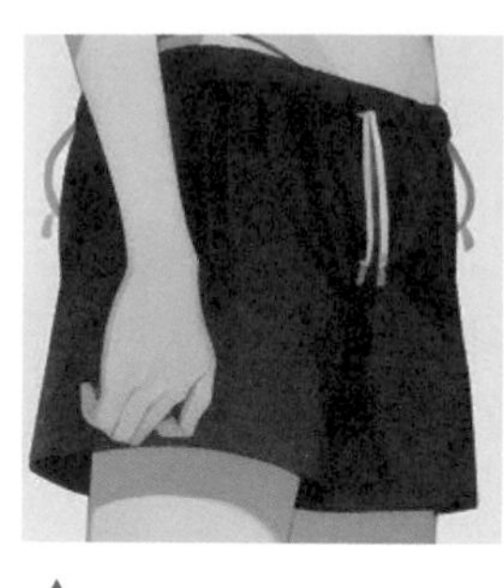 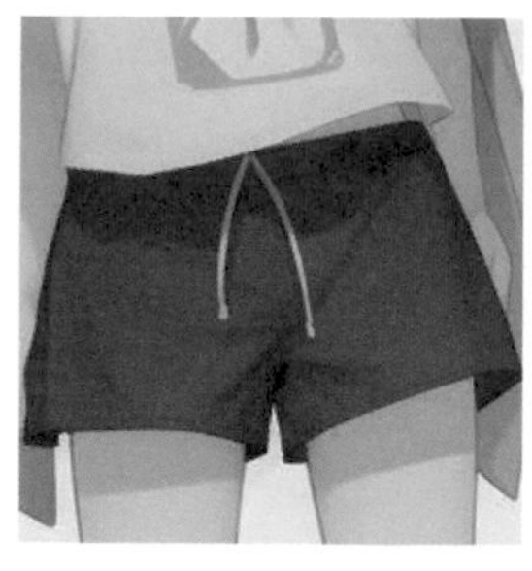 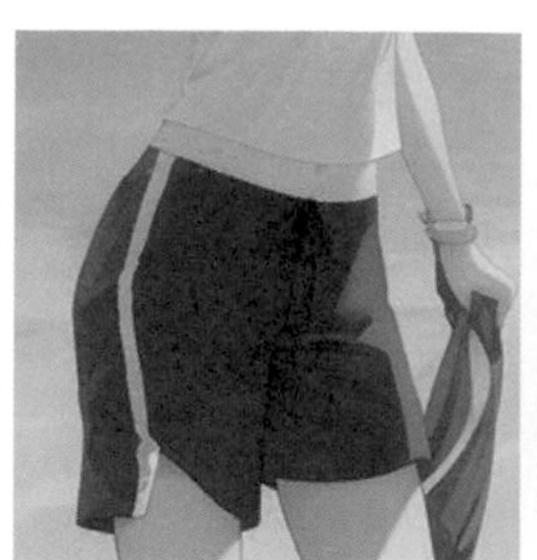 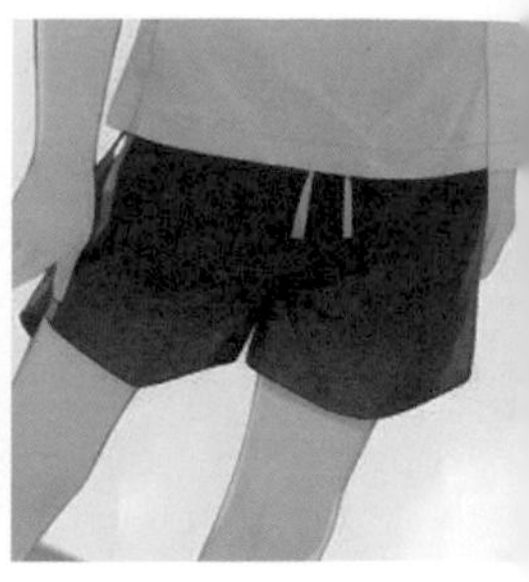

詞語解析： 短褲是一種褲子的款式，其特點是長度較短，通常止於膝蓋以上或大腿中部

提示詞： lower body,1girl,shorts

熱褲 cutoffs

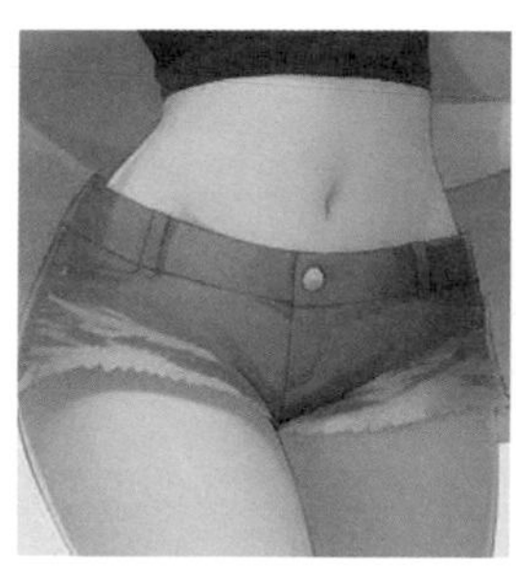 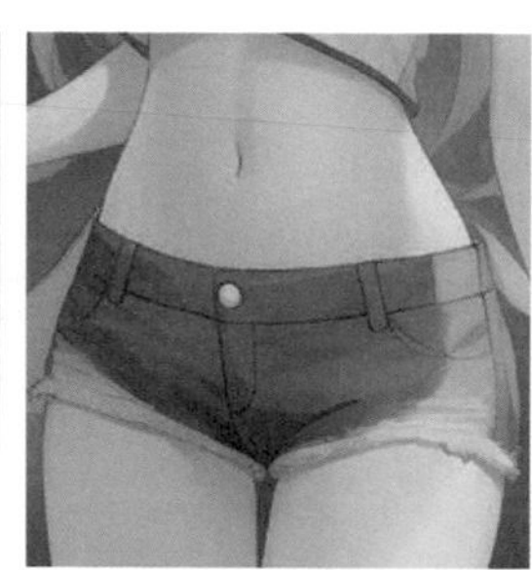 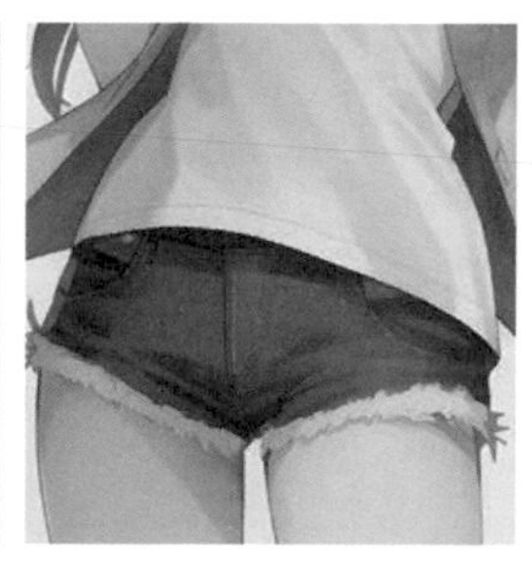 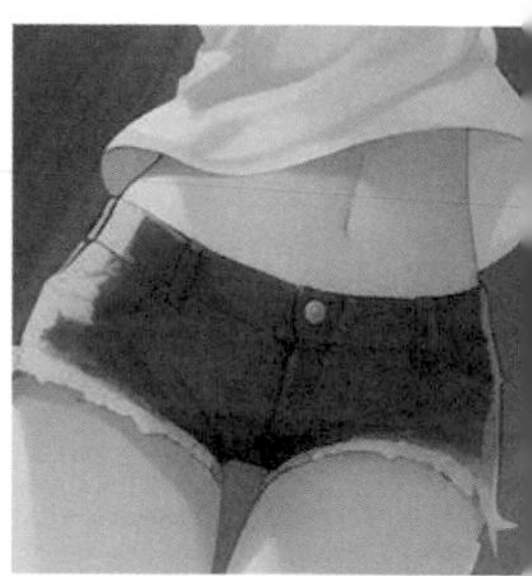

詞語解析： 熱褲的長度通常只到大腿中部甚至根部，以展示腿部曲線和肌膚，凸出身體的魅力和性感

提示詞： lower body,1girl,cutoffs

牛仔短褲 denim_shorts

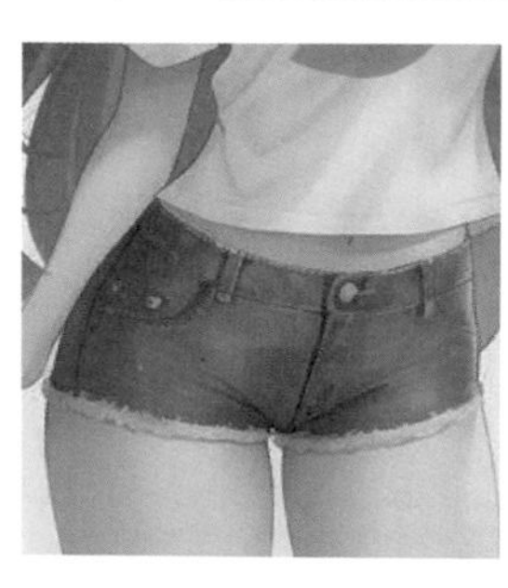 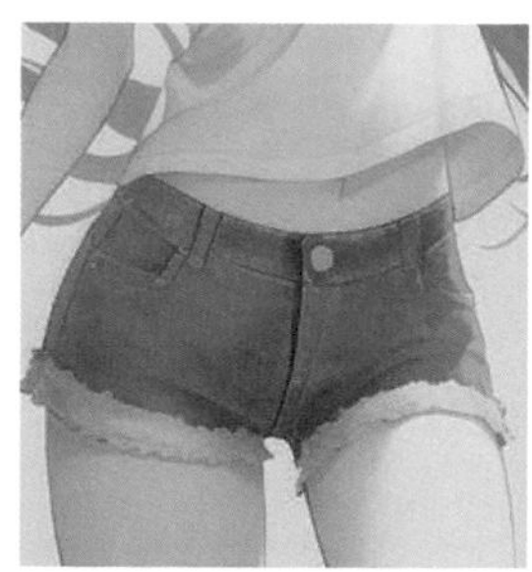  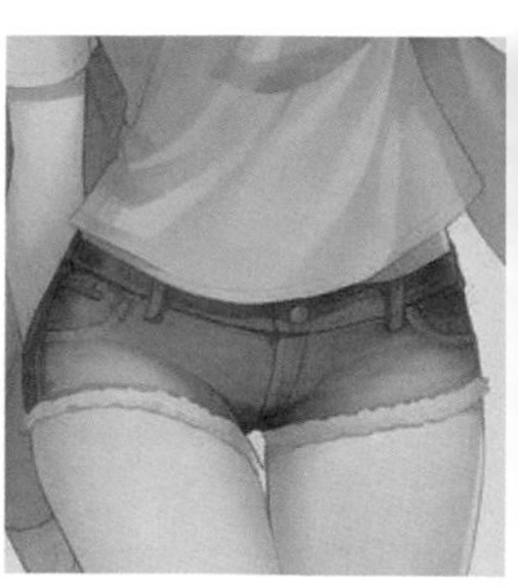

詞語解析： 牛仔短褲是一款以牛仔布料製作的短褲，它是牛仔風格的經典代表之一

提示詞： lower body,1girl,denim_shorts

海豚短褲 dolphin_shorts

 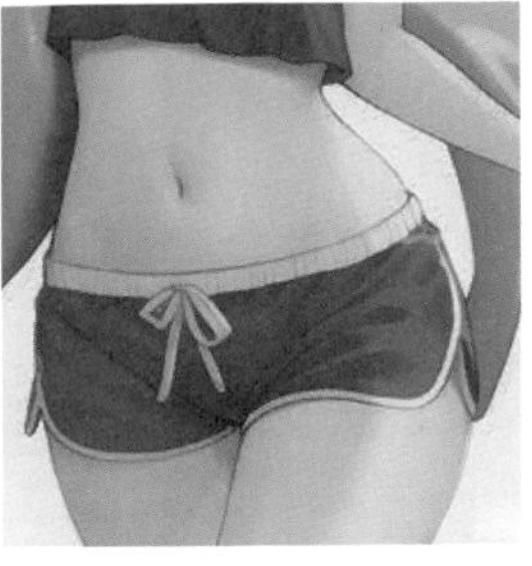 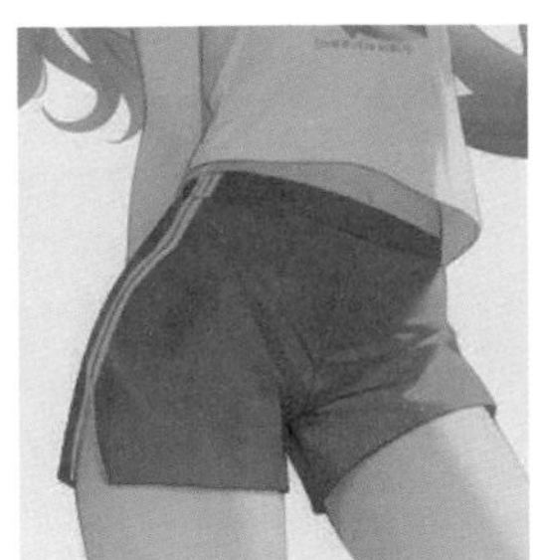 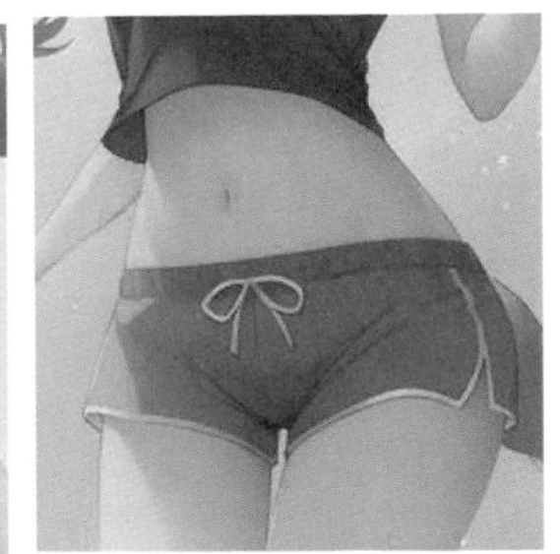

詞語解析： 海豚短褲是一款短款的休閒褲，得名於其設計靈感源自海豚

提示詞： lower body,1girl,dolphin_shorts

自行車短褲 bike_shorts

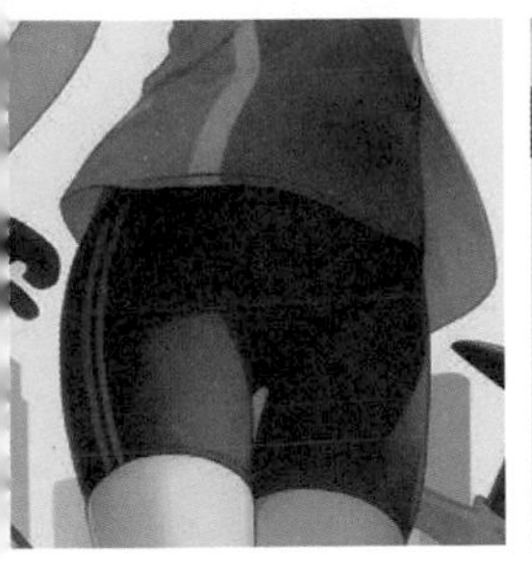 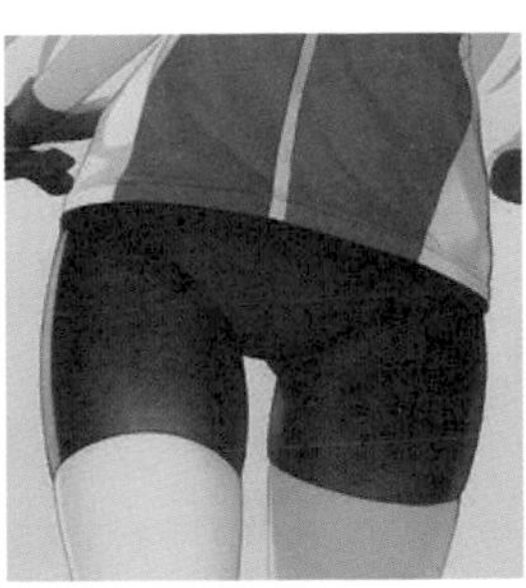 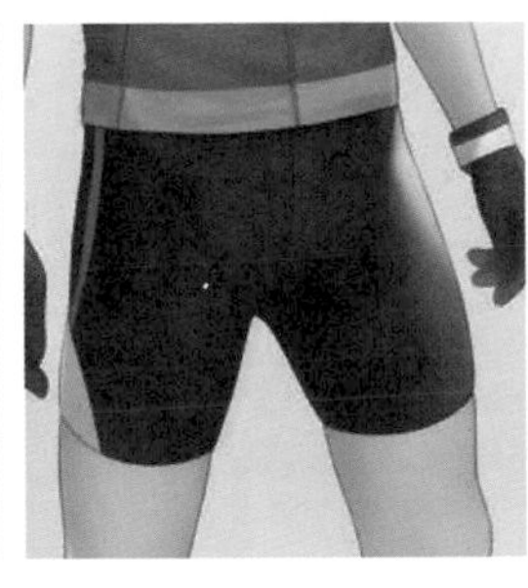 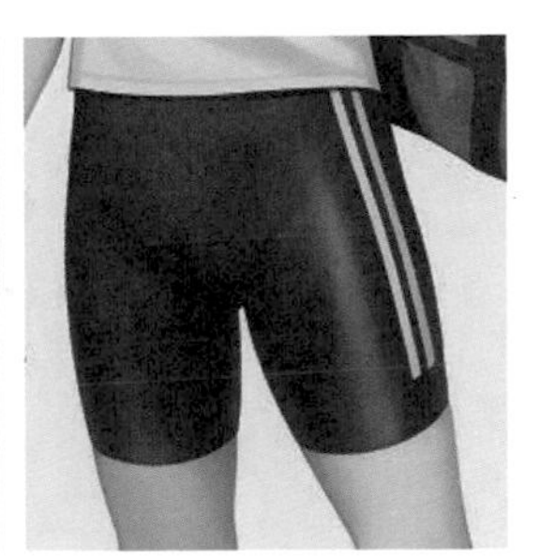

詞語解析： 自行車短褲是專為騎行者設計的功能性短褲，採用貼身剪裁，以確保緊密貼合身體

提示詞： lower body,1girl,bike_shorts

燈籠褲 bloomers

  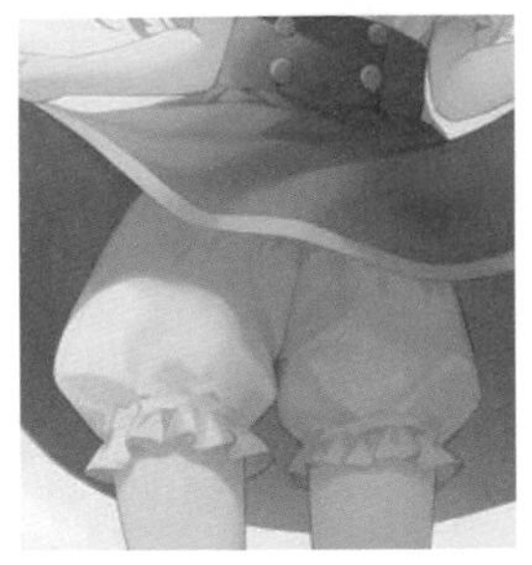 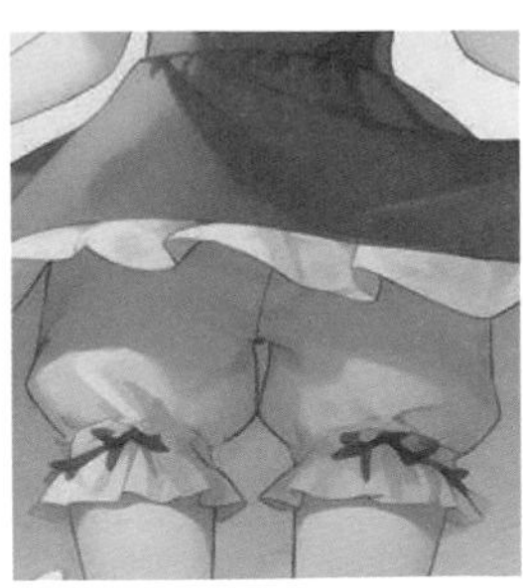

詞語解析： 燈籠褲是一款特殊設計的褲子，其特點是褲腿寬鬆而下擺收緊，形似燈籠

提示詞： lower body,1girl,bloomers

緊身褲 tight_pants

詞語解析： 緊身褲是一款貼身設計的褲子，其特點是緊貼身體輪廓，凸顯身形線條

提示詞： 4k,best quality,masterpiece,full body,tight_pants,smile

運動褲 track_pants

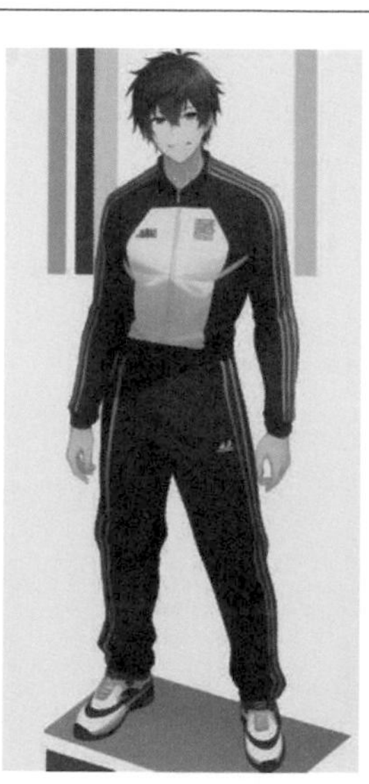
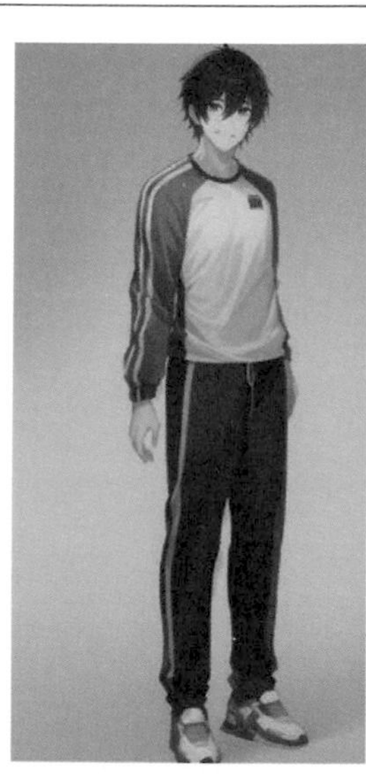

詞語解析： 運動褲通常採用寬鬆的設計，以提供舒適的穿著體驗和足夠的活動空間

提示詞： 4k,best quality,masterpiece,full body,track_pants,smile

長褲 pants

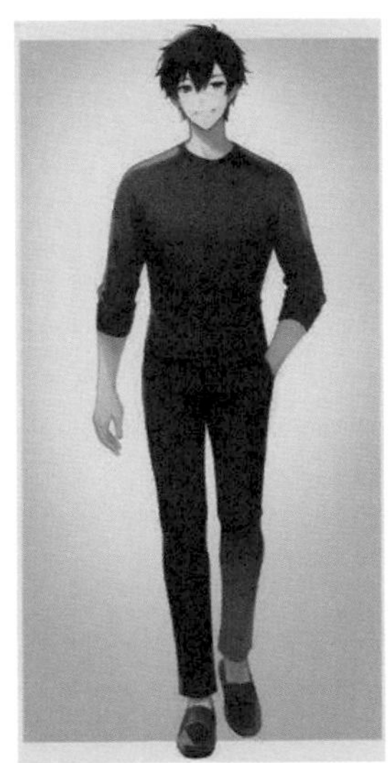

詞語解析： 長褲的長度通常延伸至腳踝部位或更長

提示詞： 4k,best quality,masterpiece,full body,pants,smile

蓬鬆褲 / 寬鬆褲 puffy_pants

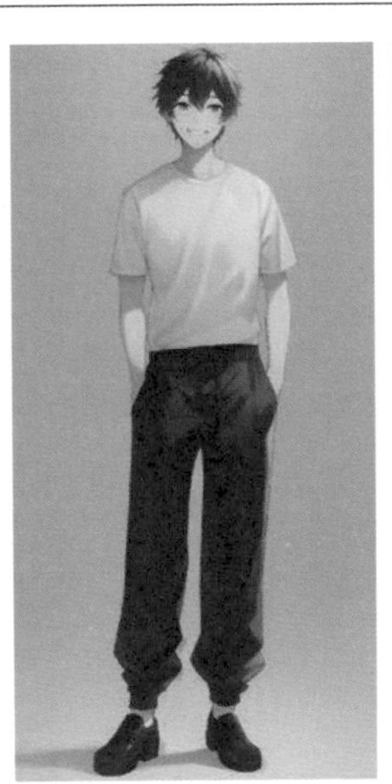

詞語解析： 一種寬鬆剪裁的褲子款式，給人一種舒適、自由的感覺

提示詞： 4k,best quality,masterpiece,full body,puffy_pants,smile

哈倫褲 harem_pants

詞語解析： 哈倫褲褲身的剪裁比較寬鬆，褲腿逐漸收緊至腳踝部分

提示詞： 4k,best quality,masterpiece,full body,harem_pants,smile

牛仔褲 jeans

  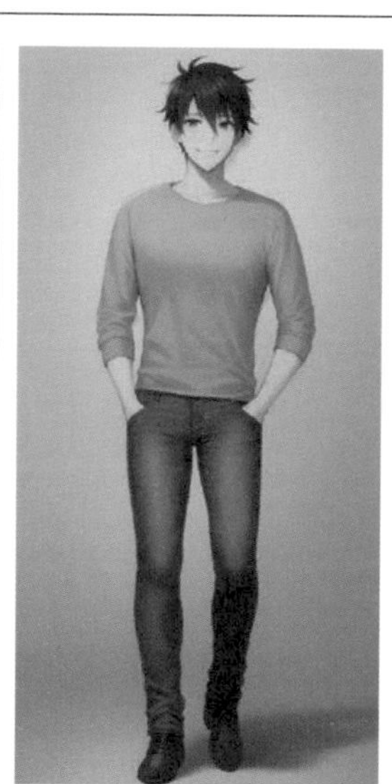 

詞語解析： 牛仔褲是一款由牛仔布製成的褲子，常常帶有經典的牛仔元素

提示詞： 4k,best quality,masterpiece,full body,jeans,smile

工裝褲 cargo_pants

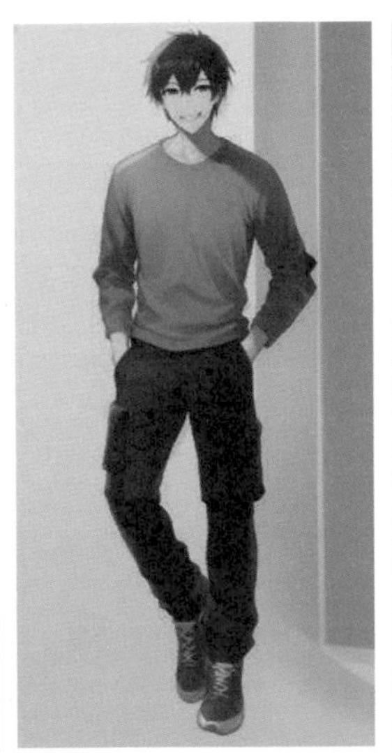

詞語解析： 工裝褲通常具有多個口袋和工具搭扣，以便攜帶和存放各種工具或物品

提示詞： 4k,best quality,masterpiece,full body,cargo_pants,smile

迷彩褲 camouflage_pants

詞語解析： 迷彩褲是一種以迷彩圖案為主的褲子款式，常穿著於戶外活動中

提示詞： 4k,best quality,masterpiece,full body,camouflage_pants,smile

七分褲 capri_pants

詞語解析： 七分褲是一種長度略短於傳統長褲的褲子款式，通常褲腿長度在小腿的位置

提示詞： 4k,best quality,masterpiece,full body,capri_pants,smile

洞洞褲 torn_pants

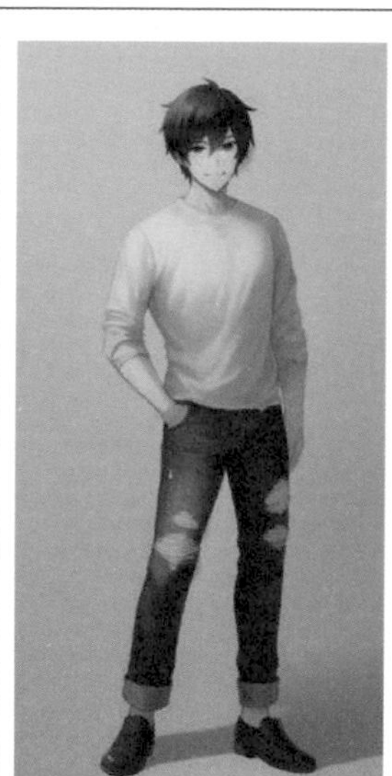
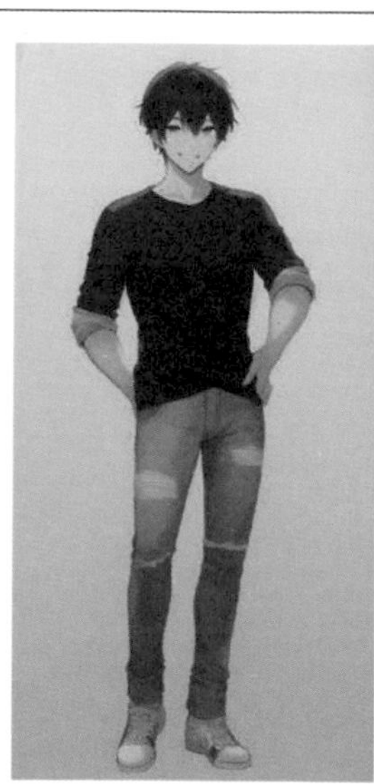

詞語解析： 洞洞褲給人一種叛逆的感覺

提示詞： 4k,best quality,masterpiece,full body,torn_pants,smile

褲襪 pantyhose

詞語解析： 褲襪是一款延伸至腳部的長襪，通常與裙子、短褲或連身裙搭配穿著

提示詞： 4k,best quality,masterpiece,pantyhose,full body,1girl,smile

連體白絲襪 white_bodystocking

詞語解析： 連體白絲襪是一款連體式的絲質長襪，以白色為主色調

提示詞： 4k,best quality,masterpiece,white_bodystocking,full body,1girl,smile

白色長筒襪 white_thighhighs

詞語解析： 白色長筒襪是一款延伸至膝蓋以上部位的長款襪子，以白色為主色調

提示詞： 4k,best quality,masterpiece,white_thighhighs,full body,1girl,smile

豎條紋襪 vertical-striped_legwear

詞語解析： 豎條紋襪是一款具有豎向條紋的長襪

提示詞： 4k,best quality,masterpiece,vertical-striped_legwear,full body,1girl,smile

橫條紋襪 striped_legwear

詞語解析： 橫條紋襪是一款具有橫向條紋的襪子

提示詞： 4k,best quality,masterpiece,striped_legwear,full body,1girl,smile

圓點襪 polka_dot_legwear

詞語解析： 圓點襪是一款具有圓形斑點圖案的襪子

提示詞： 4k,best quality,masterpiece,polka_dot_legwear,full body,1girl,smile

大腿緞帶 thigh_ribbon

詞語解析： 大腿緞帶是一種飾品，通常綁在大腿部位

提示詞： 4k,best quality,masterpiece,thigh_ribbon,full body,1girl,smile

菱形花紋褲襪 argyle_legwear

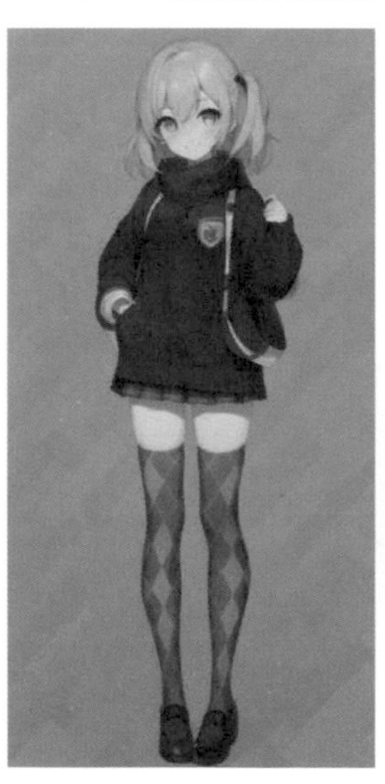

詞語解析： 菱形花紋褲襪是一款具有菱形圖案的襪子

提示詞： 4k,best quality,masterpiece,argyle_legwear,full body,1girl,smile

帶蝴蝶結的褲襪 bow_legwear

詞語解析： 帶蝴蝶結的褲襪是一款裝飾性很強的襪子，通常在腿部附有蝴蝶結裝飾

提示詞： 4k,best quality,masterpiece,bow_legwear,full body,1girl,smile

日式厚底短襪（足袋） tabi

詞語解析： 這是一款傳統的日本襪子，具有特殊的分裂式設計，將大腳趾與其他四個腳趾分開

提示詞： 4k,best quality,masterpiece,tabi,full body,1girl,smile

中筒襪 kneehighs

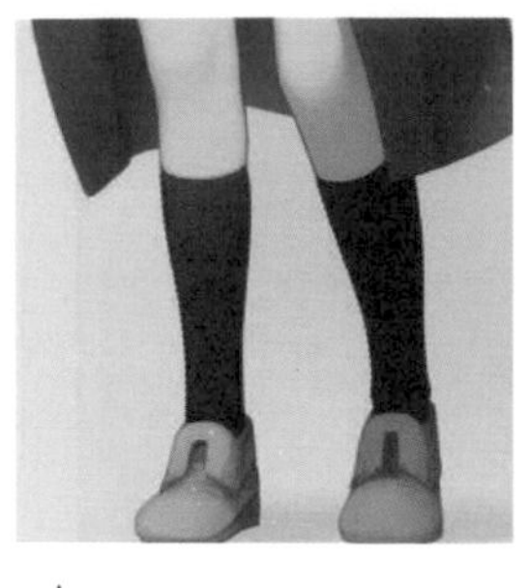
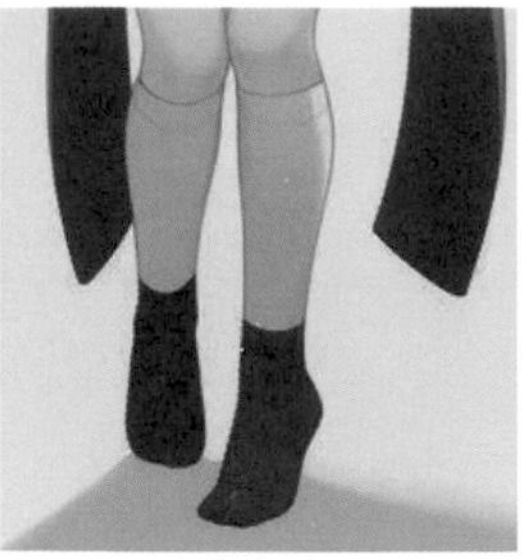
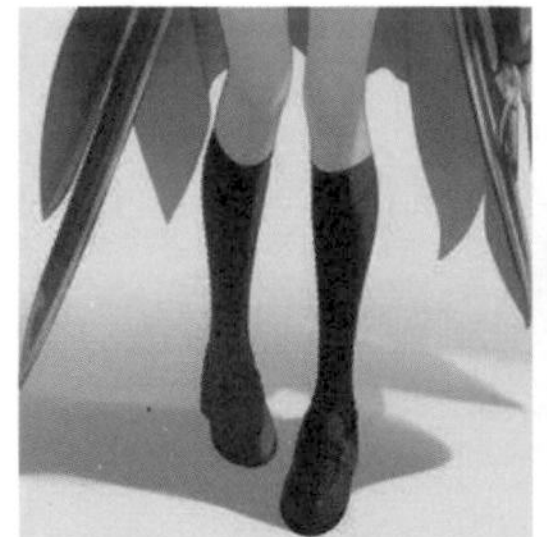

詞語解析： 中筒襪是一款長度位於小腿中部的襪子

提示詞： lower body,kneehighs

短襪 socks

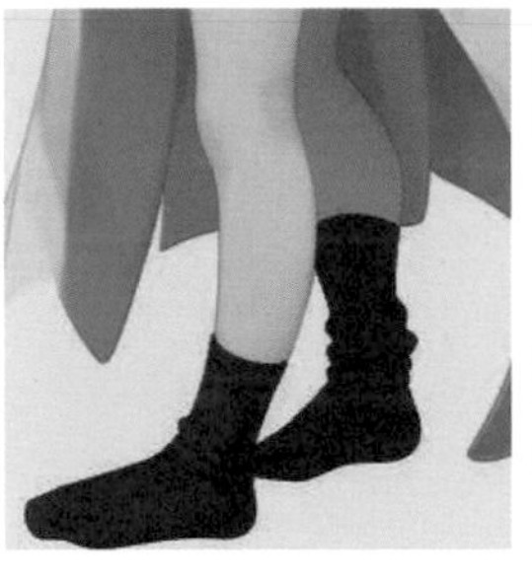
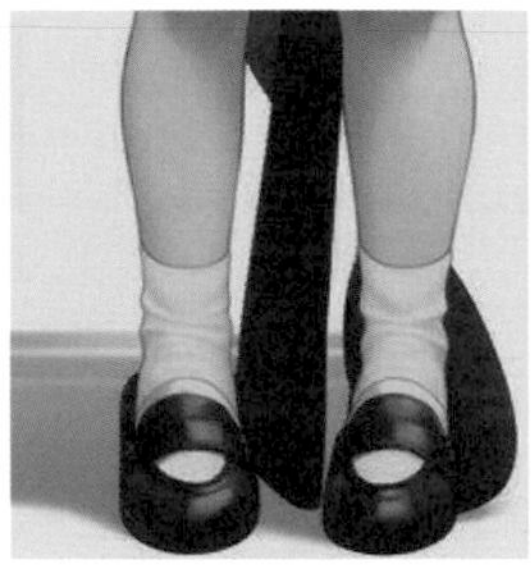
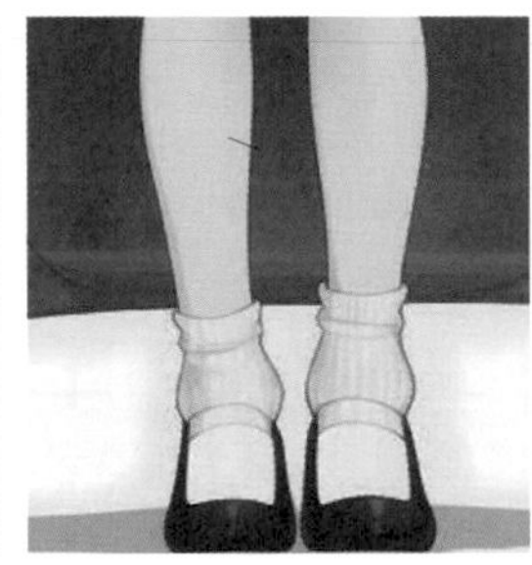
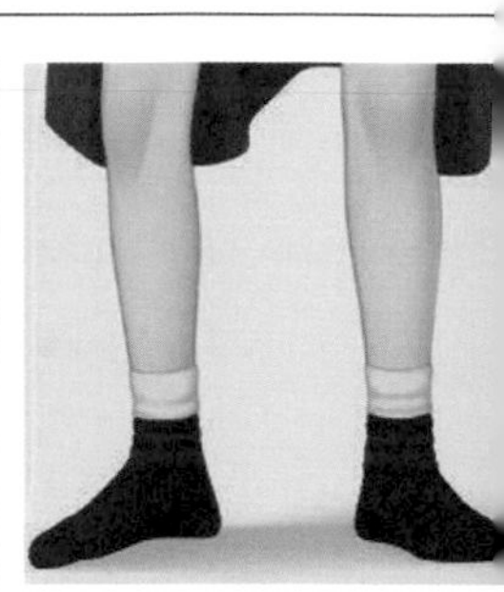

詞語解析： 短襪是一款長度較短的襪子，通常僅覆蓋腳踝部分

提示詞： lower body,socks

橫條短襪 striped_socks

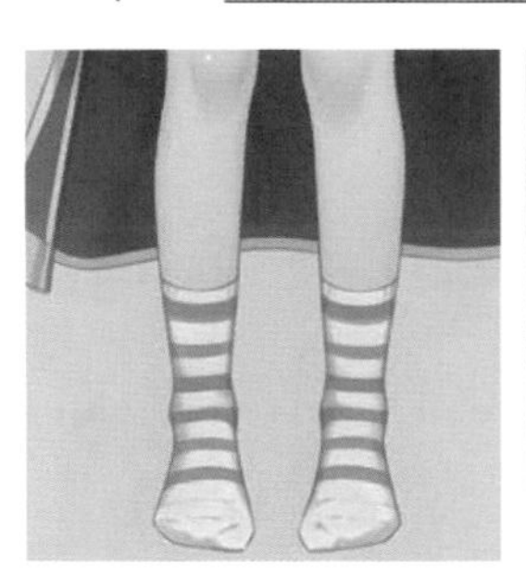
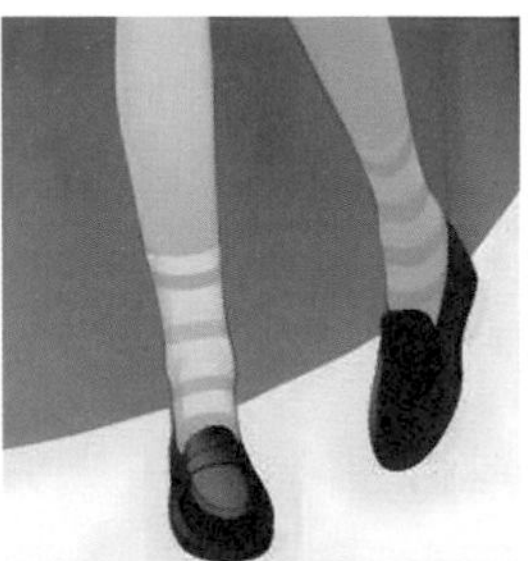

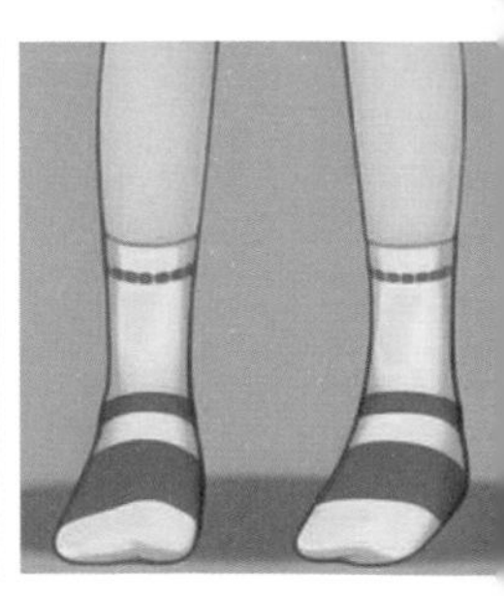

詞語解析： 橫條紋襪是一款具有橫向條紋圖案的襪子

提示詞： lower body,striped_socks

厚底鞋 platform_footwear

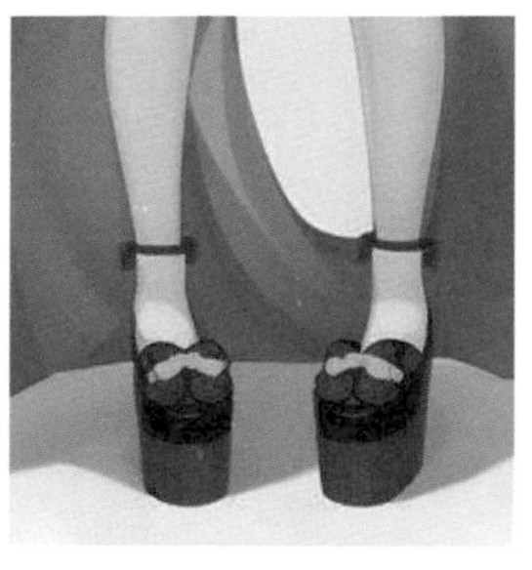
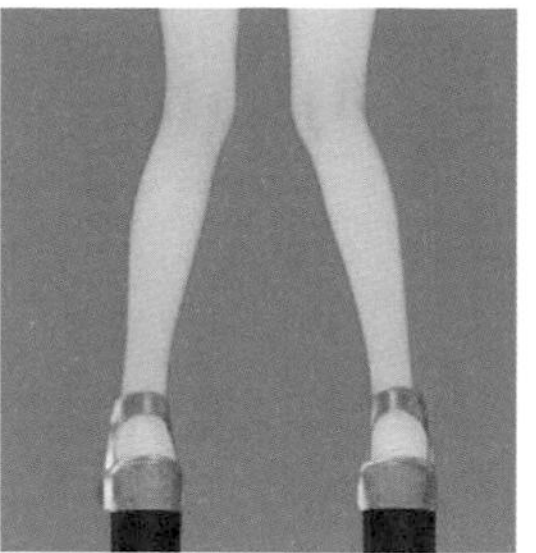
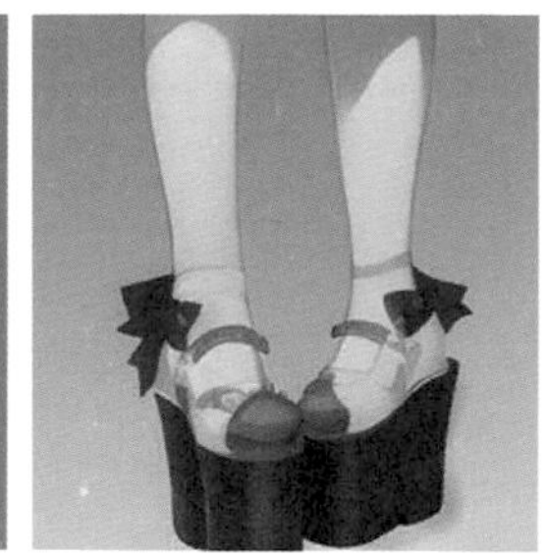

詞語解析： 厚底鞋是指在鞋底部分增加了額外厚度的鞋子

提示詞： lower body,platform_footwear

高跟鞋 high_heels

詞語解析： 高跟鞋是一種高跟的鞋

提示詞： lower body,high_heels

涼鞋 sandals

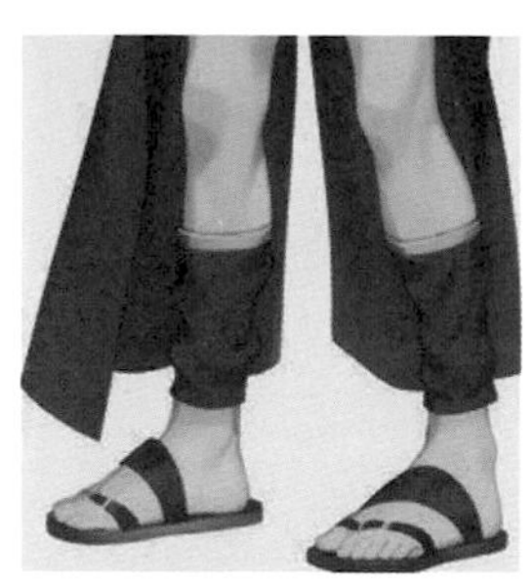

詞語解析： 涼鞋是一款裸露腳部皮膚的鞋子

提示詞： lower body,sandals

木屐涼鞋 clog_sandals

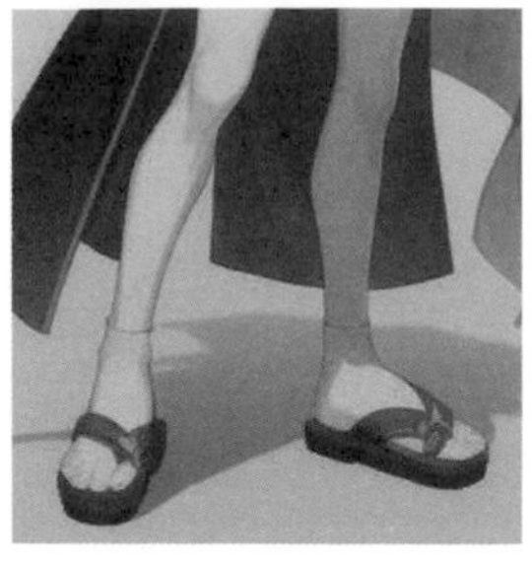
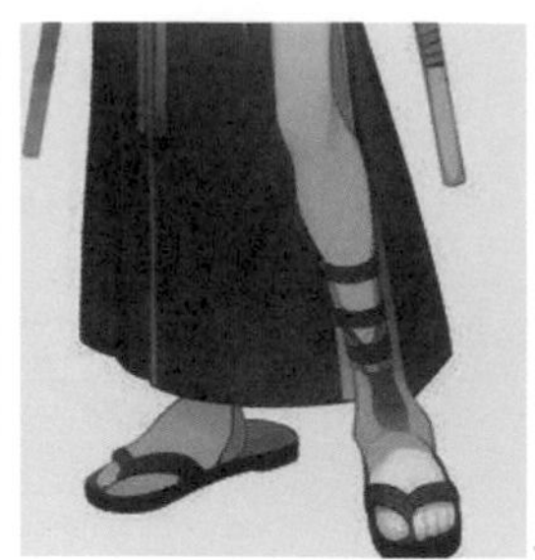
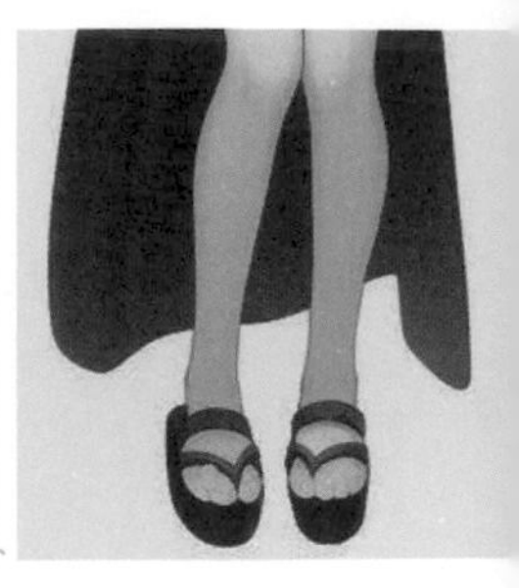

詞語解析： 木屐涼鞋，結合了木屐和涼鞋的特點，具有木制的底部，而鞋面則採用涼鞋的設計

提示詞： lower body,clog_sandals

木屐 geta

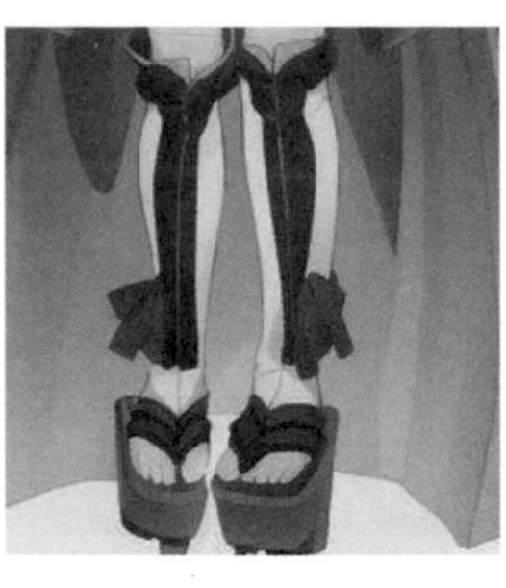
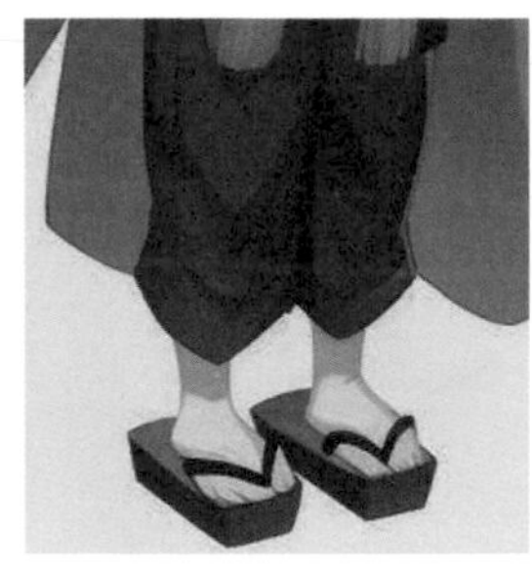

詞語解析： 木屐是一種傳統的鞋子，特點是底和履齒由木頭製成

提示詞： lower body,geta

拖鞋 slippers

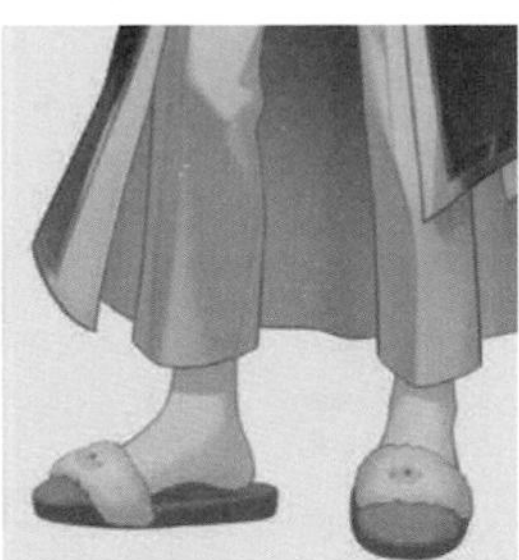
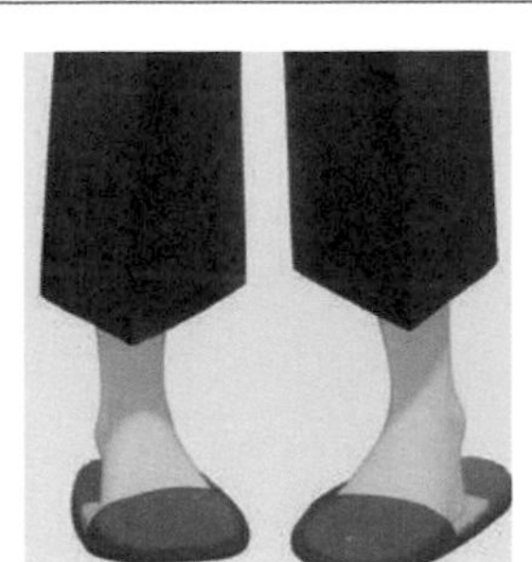
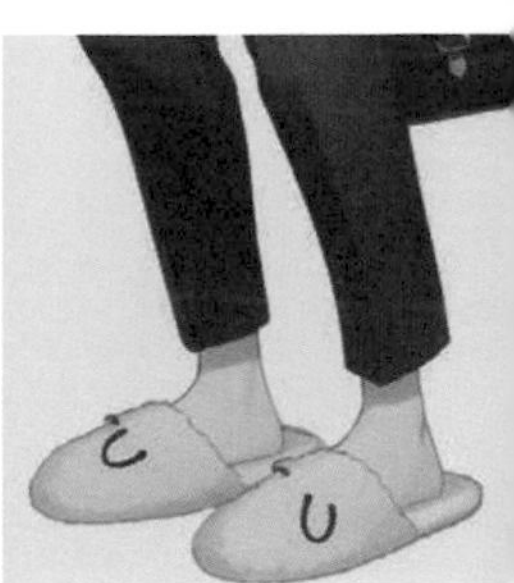

詞語解析： 拖鞋是一種輕便舒適的在室內穿著的鞋子

提示詞： lower body,slippers

溜冰鞋 skates

詞語解析： 溜冰鞋是一種專門用於滑行的鞋子

提示詞： lower body,skates

直排輪滑鞋 inline_skates

詞語解析： 直排輪滑鞋是一種滑輪鞋類

提示詞： lower body,inline_skates

靴子 boots

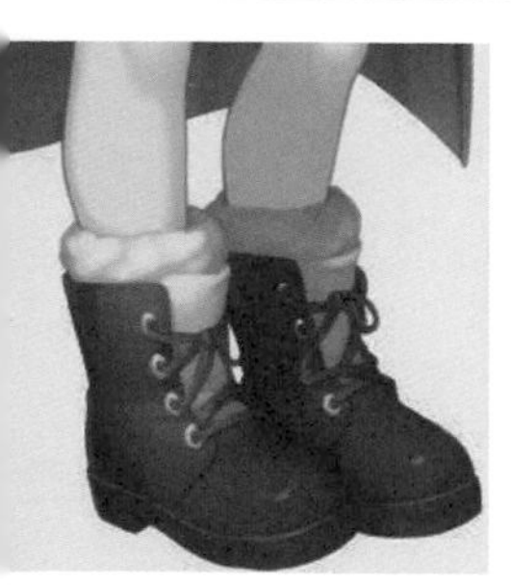

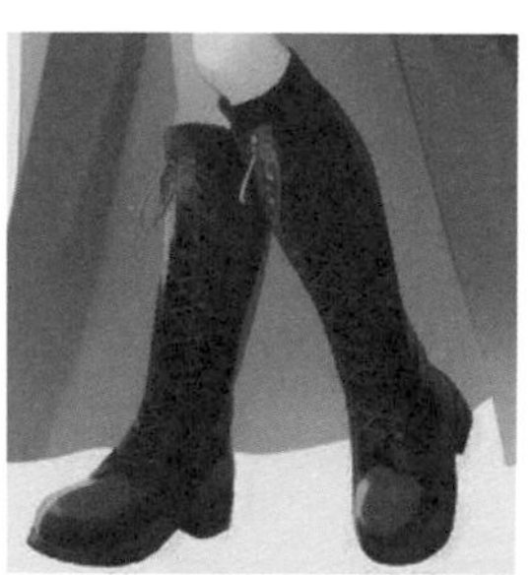

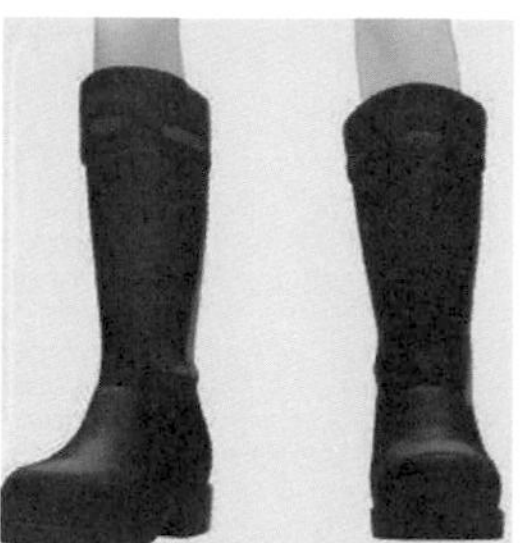

詞語解析： 靴子通常具有較高的筒狀設計

提示詞： lower body,boots

繫帶靴 cross-laced_footwear

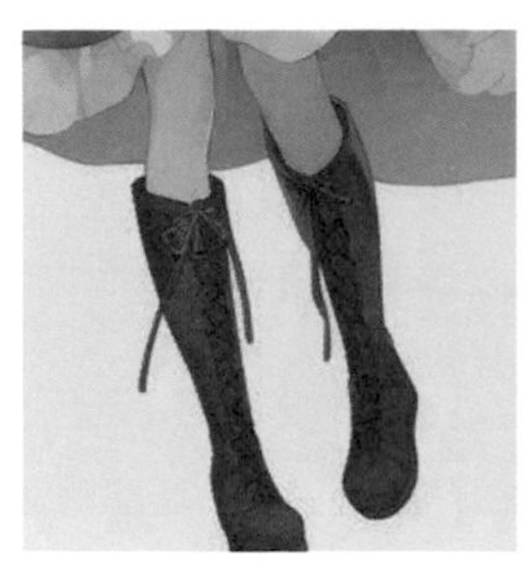  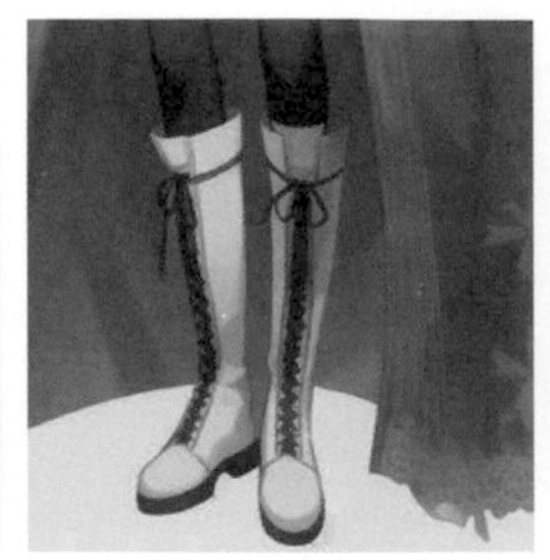 

詞語解析： 繫帶靴是一種在腳踝或小腿部分帶有繫帶或綁帶的靴子

提示詞： lower body,cross-laced_footwear

毛邊靴子 fur-trimmed_boots

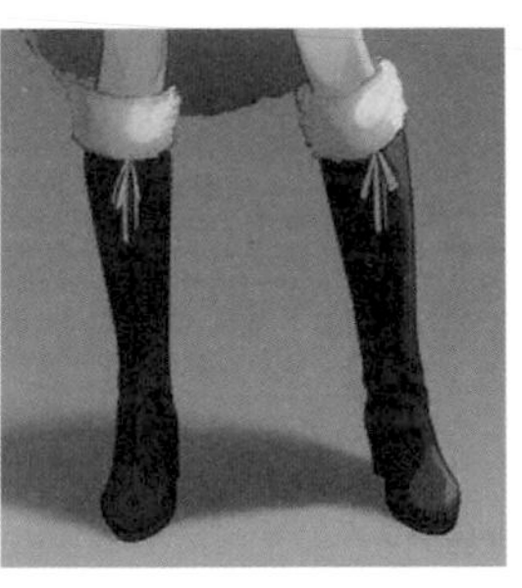 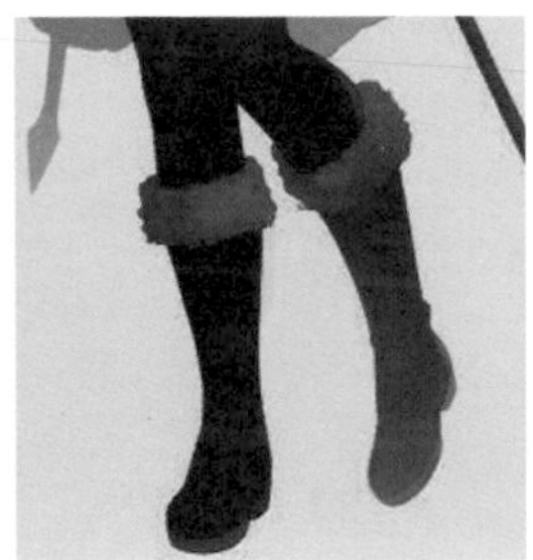 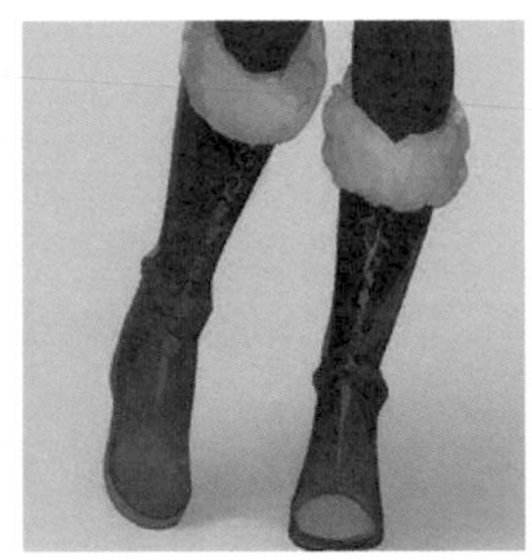 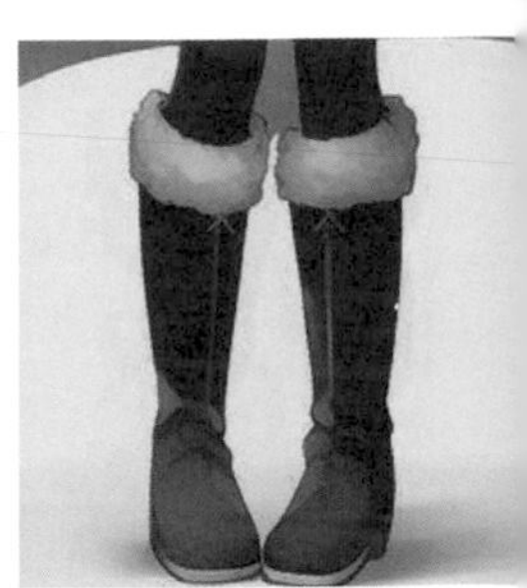

詞語解析： 毛邊靴子是指在靴口周圍裝飾有毛邊的靴子

提示詞： lower body,fur-trimmed_boots

雪地靴 snow_boots

 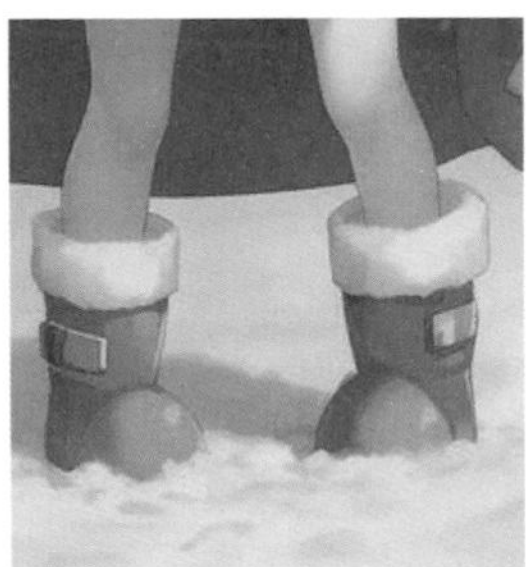 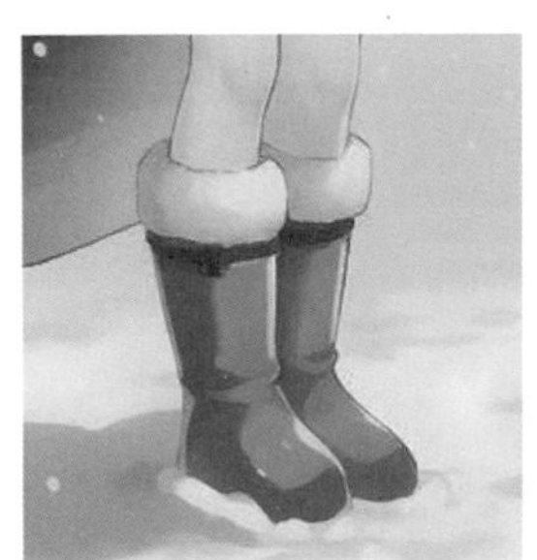 

詞語解析： 雪地靴是一種專為在雪地或寒冷天氣中穿著而設計的靴子

提示詞： lower body,snow_boots

雨靴 rain_boots

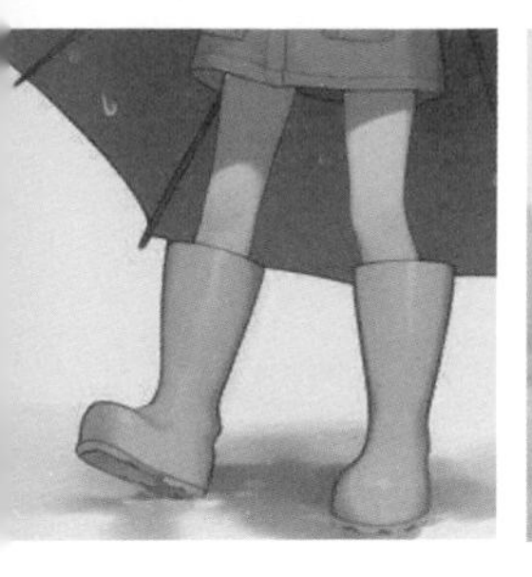
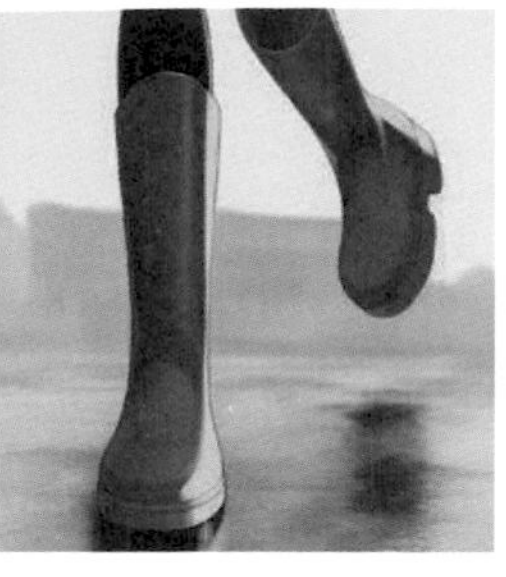
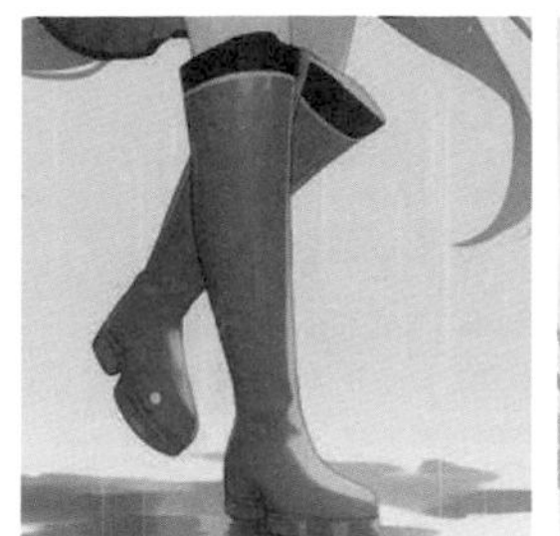

詞語解析： 雨靴是一種專為在雨天穿著而設計的靴子

提示詞： lower body,rain_boots

高跟靴 high_heel_boots

詞語解析： 高跟靴是指鞋跟部分較高的靴子

提示詞： lower body,high_heel_boots

運動鞋 sneakers

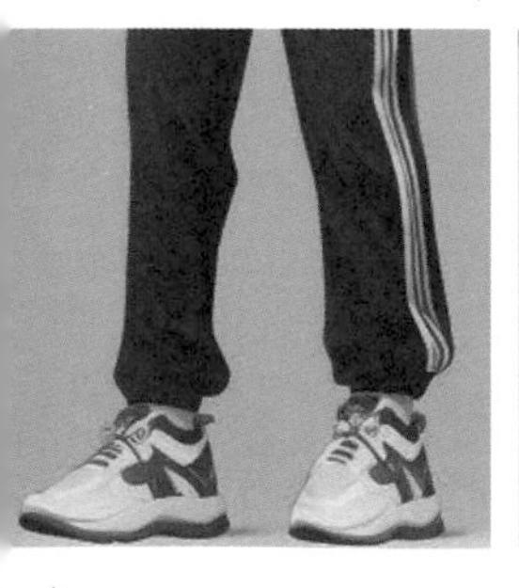
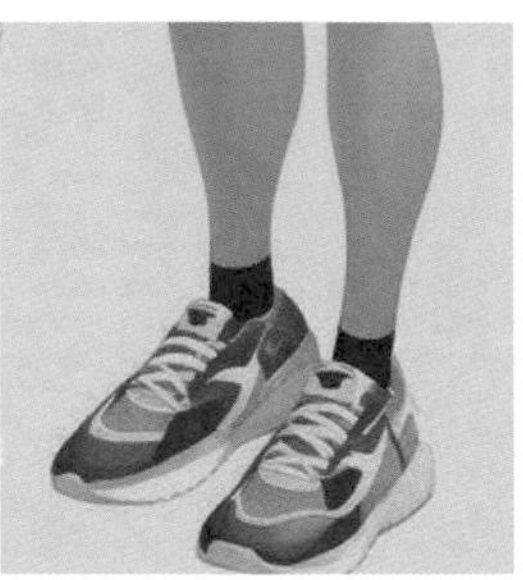
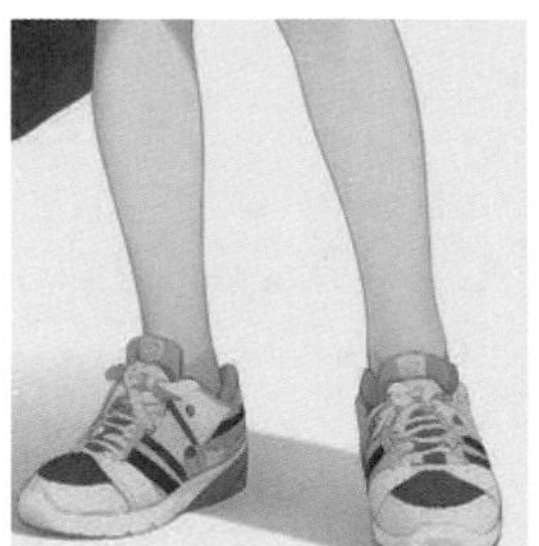
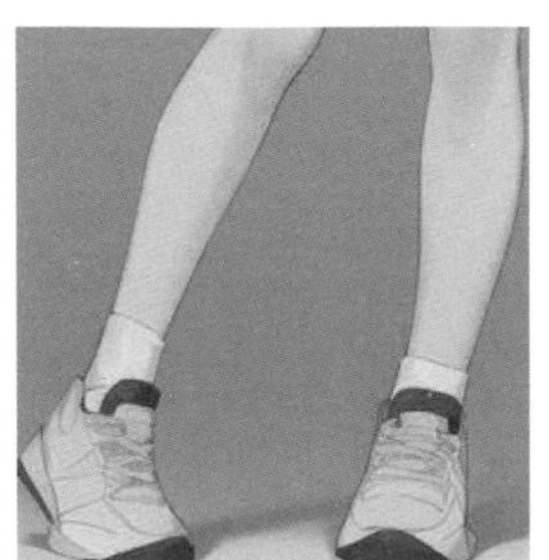

詞語解析： 運動鞋是專為運動和日常休閒穿著而設計的鞋子

提示詞： lower body,sneakers

4.2 服裝風格

服裝風格多種多樣，人物角色通過穿著各式服裝來表現其鮮明個性。

日常休閒

這種風格的服裝通常以舒適、休閒為主，適用於描繪日常生活場景的動漫作品。簡潔的 T 恤、牛仔褲、連帽衫等，都能給人一種輕鬆自在的感覺。

學生校服

學生校服是許多校園題材動漫作品中常見的服裝風格。制服、校徽、領帶等，可以很好地突出學生的身份和年輕的形象。

古風和服

這類服裝風格常出現在歷史、神話或古代題材的動漫作品中，它們展現出了古典的美感。

戰鬥制服

在戰鬥、冒險或超能力題材的動漫作品中，人物可能穿著具有特殊功能的戰鬥制服，以突顯角色的戰鬥能力。

休閒裝 casual

詞語解析： 休閒裝是指適合日常休閒活動穿著的服裝，注重自由度和休閒感

提示詞： 4k,best quality,masterpiece,casual,full body,smile

家居服 loungewear

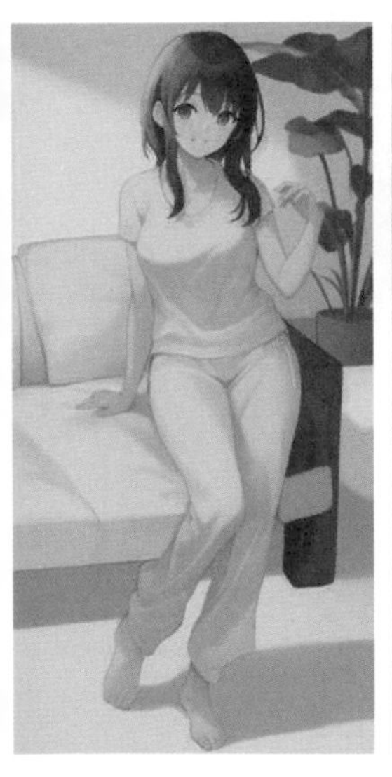
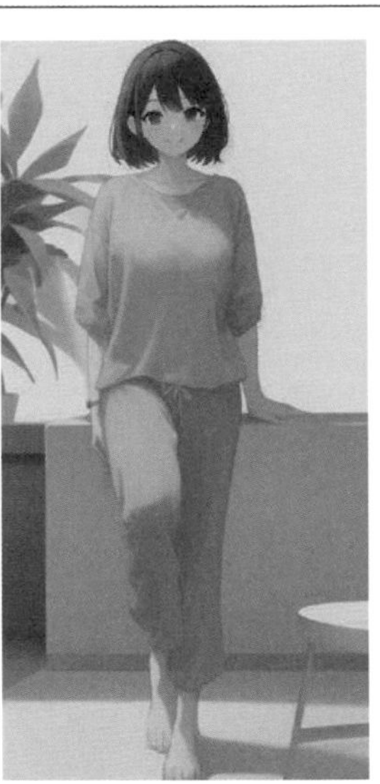
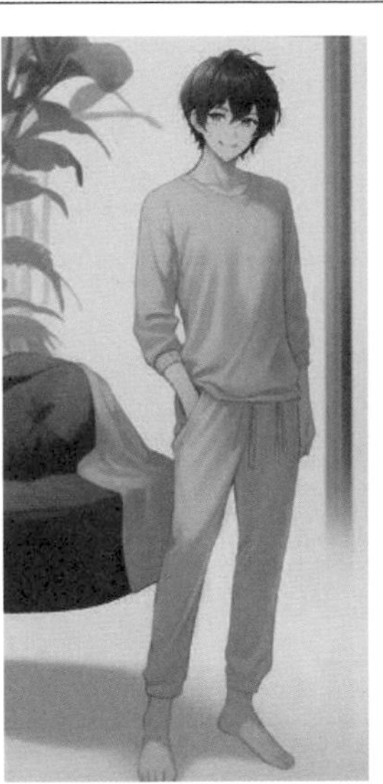
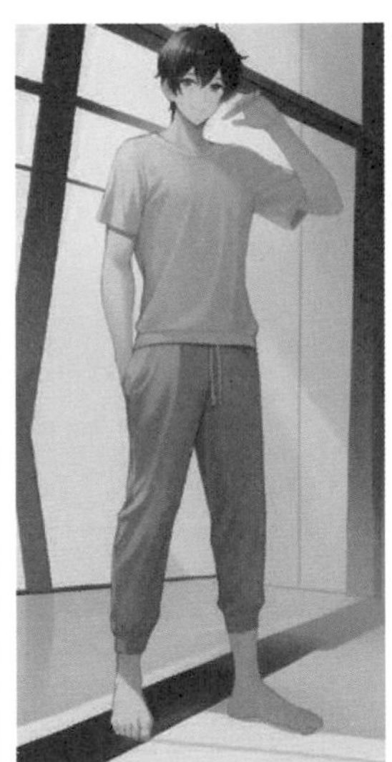

詞語解析： 家居服是指在家中休息或操持家務時穿著的服裝，強調輕鬆和隨意的風格

提示詞： 4k,best quality,masterpiece,loungewear,full body,smile

連帽上衣 hoodie

詞語解析： 連帽上衣是一款休閒服裝，具有寬鬆的設計

提示詞： 4k,best quality,masterpiece,hoodie,full body,smile

登山服 mountaineering clothes

詞語解析： 登山這種戶外運動的必備裝備之一

提示詞： 4k,best quality,masterpiece,mountaineering clothes,full body,smile

睡衣 pajamas

詞語解析： 睡衣是指睡眠時穿著的服裝，一般具有長袖設計

提示詞： 4k,best quality,masterpiece,pajamas,full body,smile

女士睡衣 nightgown

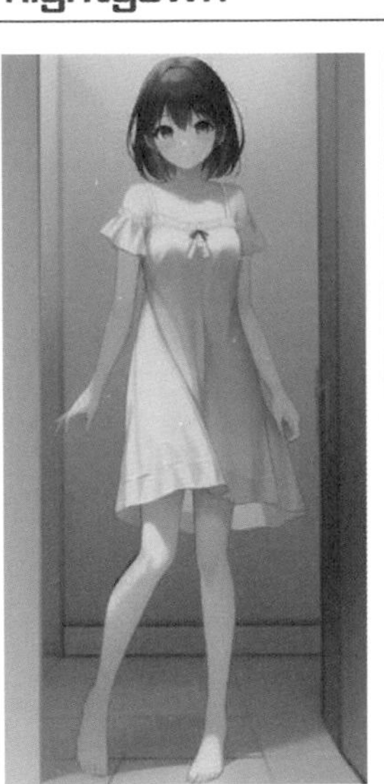

詞語解析： 一種輕盈的睡衣款式，具有細細的吊帶和露肩設計，以展示女性的優雅和魅力

提示詞： 4k,best quality,masterpiece,nightgown,full body,1girl,smile

印花睡衣 print_pajamas

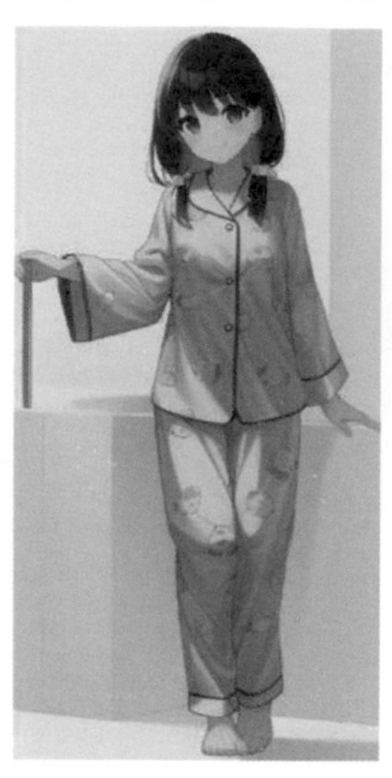

詞語解析： 印花睡衣是指睡衣上印有各式花紋、圖案的款式

提示詞： 4k,best quality,masterpiece,print_pajamas,full body,1girl,smile

波點睡衣 polka_dot_pajamas

詞語解析： 波點睡衣是一種具有波點圖案的睡衣款式

提示詞： 4k,best quality,masterpiece,polka_dot_pajamas,full body,1girl,smile

浴衣 yukata

詞語解析： 浴衣是一種傳統的日本服飾，通常穿著於夏祭慶典

提示詞： 4k,best quality,masterpiece,yukata,full body,smile

浴袍 bathrobe

詞語解析： 浴袍是沐浴前後所穿的衣服，特點是寬大而舒適

提示詞： 4k,best quality,masterpiece,bathrobe,full body,smile

運動服 sportswear

詞語解析： 運動服是專門用於進行各類體育運動或比賽的服裝

提示詞： 4k,best quality,masterpiece,sportswear,full body,smile

拳擊服 boxing suit

詞語解析： 拳擊服是專門用於進行拳擊運動的服裝

提示詞： 4k,best quality,masterpiece,boxing suit,full body,smile

緊身連衣褲 athletic_leotard

詞語解析： 舞者或運動員在訓練或比賽中穿著的緊身連衣褲

提示詞： 4k,best quality,masterpiece,athletic_leotard,full body,1girl,smile

排球服 volleyball_uniform

詞語解析： 排球服是專門為排球比賽設計的運動服裝

提示詞： 4k,best quality,masterpiece,volleyball_uniform,full body,smile

網球衫 tennis_uniform

詞語解析： 網球衫是專門為網球比賽和訓練設計的運動上衣，通常與網球短褲或網球裙搭配穿著

提示詞： 4k,best quality,masterpiece,tennis_uniform,full body,smile

棒球服 baseball_uniform

詞語解析： 棒球服是專門為棒球比賽和訓練設計的運動服裝，由上衣和長褲兩部分組成

提示詞： 4k,best quality,masterpiece,baseball_uniform,full body,smile

橄欖球服 rugby_wear

詞語解析： 橄欖球服是專門為橄欖球運動設計的服裝

提示詞： 4k,best quality,masterpiece,rugby_wear,full body,smile

摔跤服 wrestling_outfit

詞語解析： 摔跤服是專門為摔跤運動設計的服裝

提示詞： 4k,best quality,masterpiece,wrestling_outfit,full body,smile

泳裝 swimsuit

詞語解析： 泳裝是專門為游泳和水上活動設計的服裝

提示詞： 4k,best quality,masterpiece,swimsuit,full body,smile

學校泳裝 school_swimsuit

詞語解析： 學校泳裝通常是指學校規定的學生在上游泳課或參加校際比賽時需要穿著的泳裝

提示詞： 4k,best quality,masterpiece,school_swimsuit,full body,1girl,smile

賽用泳衣 competition_swimsuit

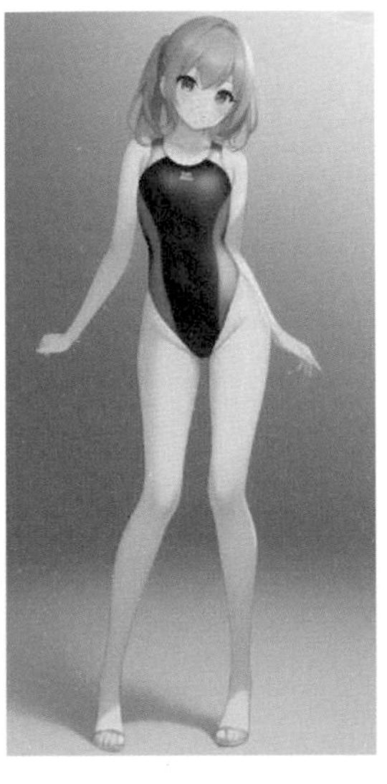

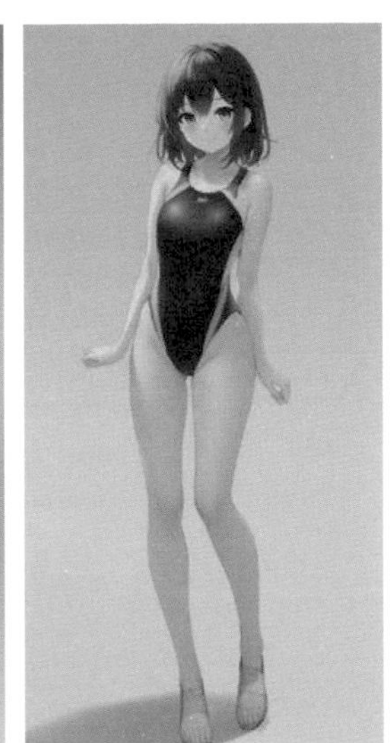

詞語解析： 賽用泳衣是專為競技游泳設計的高性能泳衣，它能夠有效地減小水阻力

提示詞： 4k,best quality,masterpiece,competition_swimsuit,full body,1girl,smile

拉鍊在正面的泳衣 front_zipper_swimsuit

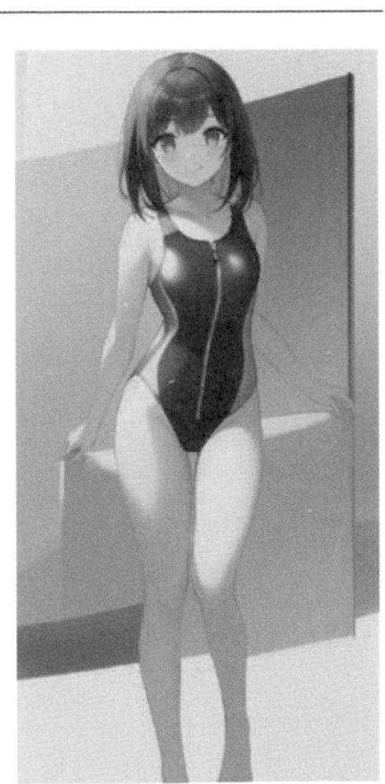

詞語解析： 拉鍊在正面的泳衣是指正面的中央區域配有拉鍊，使得穿脫更加方便

提示詞： 4k,best quality,masterpiece,front_zipper_swimsuit,full body,1girl,smile

比基尼 bikini

詞語解析： 比基尼通常由上衣和下裝組成，上衣是細肩帶的設計，下裝通常是低腰設計

提示詞： 4k,best quality,masterpiece,bikini,full body,1girl,smile

格子比基尼 plaid_bikini

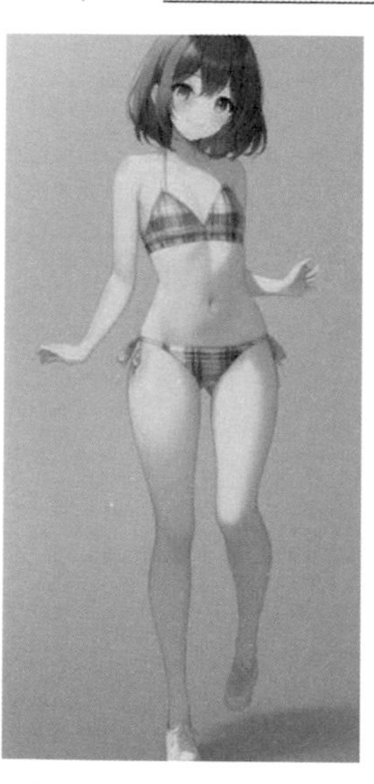
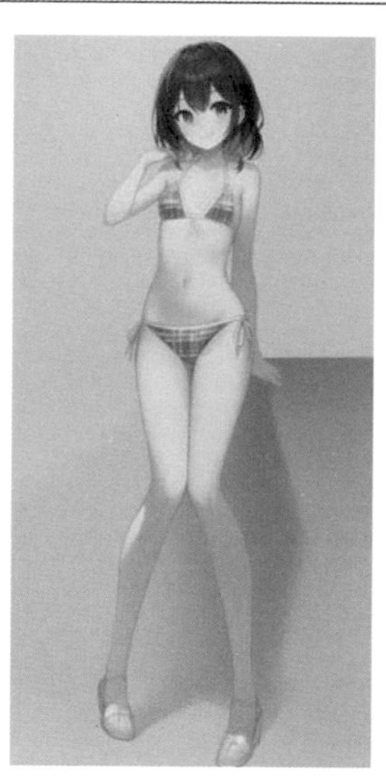

詞語解析： 格子比基尼是在普通比基尼的基礎上增加了一些裝飾圖案

提示詞： 4k,best quality,masterpiece,plaid_bikini,full body,1girl,smile

無肩帶比基尼 strapless_bikini

詞語解析： 無肩帶比基尼是一款沒有肩帶設計的女性泳裝

提示詞： 4k,best quality,masterpiece,strapless_bikini,full body,1girl,smile

側繫帶式比基尼 side-tie_bikini

詞語解析： 側繫帶式比基尼是一款側邊繫帶設計的女性泳裝

提示詞： 4k,best quality,masterpiece,side-tie_bikini,full body,1girl,smile

前繫帶比基尼上衣 front-tie_bikini_top

詞語解析： 前繫帶比基尼上衣是指在胸前具有繫帶設計的女性泳裝上衣

提示詞： 4k,best quality,masterpiece,front-tie_bikini_top,full body,1girl,smile

多綁帶比基尼 multi-strapped_bikini

詞語解析： 多綁帶比基尼是指在上衣和下裝上有多條綁帶設計的女性泳裝

提示詞： 4k,best quality,masterpiece,multi-strapped_bikini,full body,1girl,smile

花邊比基尼 frilled_bikini

詞語解析： 花邊比基尼是指在上衣和下裝的邊緣或細節部位使用花邊作為裝飾的女性泳裝

提示詞： 4k,best quality,masterpiece,frilled_bikini,full body,1girl,smile

比基尼裙 bikini_skirt

詞語解析： 比基尼裙是一種將比基尼底褲與蓬裙結合在一起的女性泳裝

提示詞： 4k,best quality,masterpiece,bikini_skirt,full body,1girl,smile

女僕比基尼 maid_bikini

詞語解析： 女僕比基尼是一款具有女僕裝飾元素的比基尼上衣和底褲

提示詞： 4k,best quality,masterpiece,maid_bikini,full body,1girl,smile

水手服款比基尼 sailor_bikini

詞語解析： 水手服款比基尼是一款具有水手服元素的比基尼上衣和底褲

提示詞： 4k,best quality,masterpiece,sailor_bikini,full body,1girl,smile

運動比基尼 sports_bikini

詞語解析： 運動比基尼是一款專為運動和水上活動設計的比基尼泳裝

提示詞： 4k,best quality,masterpiece,sports_bikini,full body,1girl,smile

帶 O 型環的比基尼 o-ring_bikini

詞語解析： 此款比基尼通常在上衣的連接處使用了一個 O 型環，以增添個性

提示詞： 4k,best quality,masterpiece,o-ring_bikini,full body,1girl,smile

帶蝴蝶結的比基尼 bow_bikini

詞語解析： 帶蝴蝶結的比基尼通常是在普通比基尼的上衣或底褲處帶有蝴蝶結裝飾，增添了個性化的元素

提示詞： 4k,best quality,masterpiece,bow_bikini,full body,smile

條紋泳衣 striped_swimsuit

詞語解析： 條紋泳衣是一款具有條紋圖案的泳衣

提示詞： 4k,best quality,masterpiece,striped_swimsuit,full body,1girl,smile

泳褲 swim_briefs

詞語解析： 泳褲是專門用於游泳的褲子，以提供舒適的水下運動體驗

提示詞： 4k,best quality,masterpiece,swim_briefs,full body,smile

泳帽 swim_cap

詞語解析： 泳帽是一款用於保護頭髮和提高游泳性能的帽子

提示詞： 4k,best quality,masterpiece,swim_cap,full body,smile

漢服 hanfu

詞語解析： 漢服是中國傳統的服飾

提示詞： 4k,best quality,masterpiece,hanfu,full body,smile

武道服 martial arts uniform

詞語解析： 練武時穿著的一種服飾

提示詞： 4k,best quality,masterpiece,martial arts uniform,full body,smile

長袍 robe

詞語解析： 長袍是一種長款的外套或服裝，通常延伸到腳踝或及地

提示詞： 4k,best quality,masterpiece,robe,full body,smile

混合長袍 robe_of_blending

詞語解析： 混合長袍是一種將不同文化和風格元素融合在一起的服裝設計

提示詞： 4k,best quality,masterpiece,robe_of_blending,full body,smile

斗篷 cloak

詞語解析： 斗篷是一款有帽子的披風，可以用於防風禦寒

提示詞： 4k,best quality,masterpiece,cloak,full body,smile

皮毛鑲邊斗篷 fur-trimmed cloak

詞語解析： 皮毛鑲邊的斗篷的邊緣有一圈皮毛裝飾，皮毛還能增加斗篷的保暖性

提示詞： 4k,best quality,masterpiece,fur-trimmed cloak,full body,smile

舞孃服 harem_outfit

詞語解析： 舞孃服是一種傳統的舞蹈表演服飾

提示詞： 4k,best quality,masterpiece,harem_outfit,full body,1girl,smile

盔甲 armor

詞語解析： 盔甲是一種用於保護身體的防護裝備，在古代被廣泛應用於戰爭和軍事活動中

提示詞： 4k,best quality,masterpiece,armor,full body,smile

西裝 suit

詞語解析： 西裝，又稱西服，其具有深厚的文化內涵

提示詞： 4k,best quality,masterpiece,suit,full body,smile

正裝 formal_dress

詞語解析： 正裝通常是指在正式場合或特殊場合穿著的服裝

提示詞： 4k,best quality,masterpiece,formal_dress,full body,smile

晚禮服 evening_gown

詞語解析： 晚禮服通常是指在晚宴、舞會或重要的慶典活動中穿著的禮服

提示詞： 4k,best quality,masterpiece,**evening_gown**,full body,smile

和服 japanese_clothes

詞語解析： 和服是日本傳統的服裝

提示詞： 4k,best quality,masterpiece,**japanese_clothes**,full body,smile

短和服 short_kimono

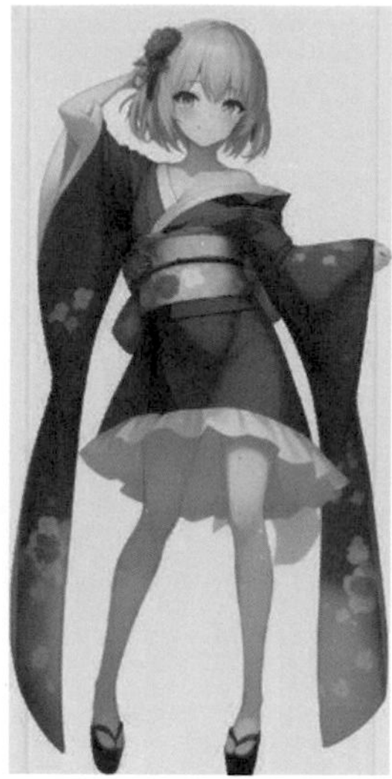

詞語解析： 短和服是和服的一種變體，與傳統的長袍式和服相比，短和服的長度更短

提示詞： 4k,best quality,masterpiece,short_kimono,full body,1girl,smile

無袖和服 sleeveless_kimono

詞語解析： 無袖和服是一種沒有袖子的和服款式

提示詞： 4k,best quality,masterpiece,sleeveless_kimono,full body,1girl,smile

旗袍 cheongsam

詞語解析： 旗袍是中國傳統的女性服裝，可兼作禮服與常服

提示詞： 4k,best quality,masterpiece,cheongsam,full body,1girl,smile

婚紗 wedding_dress

詞語解析： 婚紗是結婚儀式上新娘穿著的特殊禮服，通常是白色的，象徵著純潔和莊重

提示詞： 4k,best quality,masterpiece,wedding_dress,full body,1girl,smile

空服員制服 flight attendant uniform

詞語解析： 空服員制服是空姐、空少及機長等機場服務人員專門穿著的統一服裝

提示詞： 4k,best quality,masterpiece,flight attendant uniform,full body,smile

校服 school_uniform

詞語解析： 校服是指學生在學校裡穿著的統一服裝

提示詞： 4k,best quality,masterpiece,school_uniform,full body,smile

水手服 sailor

詞語解析： 水手服是一種經典的服裝款式，最初源自海軍的制服

提示詞： 4k,best quality,masterpiece,sailor,full body,smile

幼稚園制服 kindergarten_uniform

詞語解析： 幼稚園制服一般是由幼稚園統一製作的服裝

提示詞： 4k,best quality,masterpiece,kindergarten_uniform,full body,smile

警察制服 police_uniform

詞語解析： 警察制服是指員警在執行公務時穿著的服裝，用於標識和識別員警身份

提示詞： 4k,best quality,masterpiece,police_uniform,full body,smile

海軍制服 naval_uniform

詞語解析： 海軍制服是指海軍人員在執行任務和正式場合中穿著的服裝

提示詞： 4k,best quality,masterpiece,naval_uniform,full body,smile

陸軍制服 military_uniform

詞語解析： 陸軍制服是指陸軍人員在執行任務和正式場合中穿著的服裝

提示詞： 4k,best quality,masterpiece,military_uniform,full body,smile

職場制服 business_suit

詞語解析： 職場制服通常是指在工作場所穿著的服裝

提示詞： 4k,best quality,masterpiece,business_suit,full body,smile

樂隊制服 band_uniform

詞語解析： 樂隊制服是指樂隊成員在演出時所穿著的統一服裝

提示詞： 4k,best quality,masterpiece,band_uniform,full body,smile

太空衣 space_suit

詞語解析： 太空衣是太空人在太空執行任務時所穿著的特殊服裝

提示詞： 4k,best quality,masterpiece,space_suit,full body,smile

中國服飾 china_dress

詞語解析： 中國服飾是指具有中國傳統文化元素的服裝和飾品

提示詞： 4k,best quality,masterpiece,china_dress,full body,smile

民族服裝 traditional_clothes

詞語解析： 民族服裝是指具有民族特色的服裝

提示詞： 4k,best quality,masterpiece,traditional_clothes,full body,smile

韓服 hanbok

詞語解析： 韓服是一種傳統服飾

提示詞： 4k,best quality,masterpiece,hanbok,1girl,full body,smile

西部牛仔風格 western_denim_style

詞語解析： 西部牛仔風格源自美國西部地區的服飾風格和文化特徵

提示詞： 4k,best quality,masterpiece,western_denim_style,full body,smile

德國服裝 german_clothes

詞語解析： 德國服裝簡約而精緻，注重實用性

提示詞： 4k,best quality,masterpiece,german_clothes,full body,smile

歌德風格 gothic

詞語解析： 歌德風格突出了獨特的黑暗、神秘、個性化的特點

提示詞： 4k,best quality,masterpiece,gothic,full body,1girl,smile

蘿莉塔風格 lolita

詞語解析： 蘿莉塔風格的服裝強調可愛、浪漫和復古的特點

提示詞： 4k,best quality,masterpiece,**lolita**,full body,1girl,smile

印度風格 indian_style

詞語解析： 印度風格的服裝也是一種傳統服裝

提示詞： 4k,best quality,masterpiece,**indian_style**,full body,1girl,smile

阿伊努人的服飾 ainu_clothes

詞語解析： 阿伊努人是日本北部的原住民族群體，服飾通常體現了他們的文化、信仰和生活方式

提示詞： 4k,best quality,masterpiece,ainu_clothes,full body,smile

阿拉伯服飾 arabian_clothes

詞語解析： 阿拉伯服飾是指源自阿拉伯地區的傳統服飾

提示詞： 4k,best quality,masterpiece,arabian_clothes,full body,1boy,smile

埃及風格服飾 egyptian_clothes

詞語解析： 埃及風格服飾是指源自埃及的傳統服飾

提示詞： 4k,best quality,masterpiece,egyptian_clothes,full body,smile

動物系套裝 animal_costume

詞語解析： 動物系套裝是指模仿或借鑒了動物特徵的服裝

提示詞： 4k,best quality,masterpiece,animal_costume,full body,smile

萬聖節服裝 halloween_costume

詞語解析： 萬聖節服裝是指在萬聖節當天穿著的特殊服裝

提示詞： 4k,best quality,masterpiece,halloween_costume,full body,smile

聖誕裝 santa

詞語解析： 聖誕裝是指在耶誕節期間穿著的特殊服裝

提示詞： 4k,best quality,masterpiece,santa,full body,smile

4.3 其他裝飾

裝飾是為了增添角色特色或突出其個性。在不同的場合和角色扮演中，可以通過不同的裝飾進行搭配和設計，以更好地展現角色的特點和風格。

頭部裝飾

頭部裝飾是指用於裝飾人物頭部的物品和配飾，如帽子、頭巾、頭飾、髮飾等。

面部裝飾

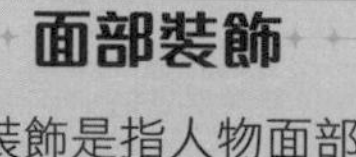

面部裝飾是指人物面部的裝飾物，如眼鏡、口罩等，它可以強調特定的人物特徵。

面具

面具，可以是遮蓋整個面部的面具，也可以是局部遮蓋的部分面具。

角

角是一種特殊的飾物，可以為人物增添一份神秘的特徵。

日常裝飾

日常裝飾是指平常生活中常見的裝飾物，可以增添個人魅力，展示個人喜好。

特徵裝飾

特徵裝飾是指用於突出人物特徵或身份的裝飾物，可以強調人物的職業或社會地位。

特殊裝飾

特殊裝飾是指在特定場合使用的裝飾物，通常與節日慶典、舞臺演出或角色扮演相關。

眼鏡 glasses

詞語解析： 眼鏡由鏡片和眼鏡框組成，可以改善視力問題

提示詞： portrait, face to camera, glasses,school uniform

紅框眼鏡 red-framed_eyewear

詞語解析： 紅框眼鏡的鏡框為紅色，可作為時尚配飾

提示詞： portrait,face to camera, red-framed_eyewear, school uniform

圓框眼鏡 round_eyewear

詞語解析： 圓框眼鏡的鏡框呈圓形，具有復古和時尚的風格

提示詞： portrait,face to camera, round_eyewear,school uniform

藍框眼鏡 blue-framed_eyewear

詞語解析： 藍框眼鏡的鏡框顏色為藍色，是前衛和青春的象徵

提示詞： portrait,face to camera, blue- framed_eyewear, school uniform

太陽眼鏡 sunglasses

詞語解析： 太陽眼鏡用於阻擋陽光直射眼睛，它有豐富的款式

提示詞： portrait,face to camera, sunglasses,school uniform

風鏡 goggles

詞語解析： 風鏡具有密封性的鏡框設計，能夠防禦風沙

提示詞： portrait,face to camera, goggles,school uniform

頭盔 helmet

詞語解析： 頭盔是一種用於保護頭部的裝備，通常由堅固的材料製成

提示詞： portrait, face to camera, helmet,school uniform

遮陽帽舌 visor

詞語解析： 遮陽帽舌是指帽子前方特別延長的部分

提示詞： portrait,face to camera, visor,school uniform

花耳環 flower_earrings

詞語解析： 花耳環是一種以花朵為設計元素的耳飾

提示詞： portrait,face to camera, flower_earrings,1girl, school uniform

心形耳環 heart_earrings

詞語解析： 心形耳環是一種以心形裝飾物為設計元素的耳環

提示詞： portrait, face to camera, heart_earrings,1girl, school uniform

環狀耳環 hoop_earrings

詞語解析： 環狀耳環是一種形狀呈環狀的耳飾，顯得簡約、時尚

提示詞： portrait, face to camera, hoop_earrings,1girl, school uniform

骷髏耳環 skull_earrings

詞語解析： 骷髏耳環是以骷髏頭骨為設計元素的耳飾

提示詞： portrait,face to camera, skull_earrings,1girl, school uniform

十字耳環 cross_earrings

詞語解析： 十字耳環通常由金屬材料製成，呈現出十字交叉的設計

提示詞： portrait,face to camera, cross_earrings,1girl, school uniform

水晶耳環 crystal_earrings

詞語解析： 水晶耳環由水晶製成，具有透明或半透明的外觀

提示詞： portrait,face to camera, crystal_earrings,1girl, school uniform

星形耳環 star_earrings

詞語解析： 星形耳環是以星星為設計元素的耳飾

提示詞： portrait,face to camera, star_earrings,1girl, school uniform

耳罩 earmuffs

詞語解析： 耳罩通常由柔軟的材料製成，可以覆蓋整隻耳朵

提示詞： portrait,face to camera, earmuffs,1girl,school uniform

耳機 earphones

詞語解析： 利用耳機可以獨自聆聽音樂

提示詞： portrait, face to camera, earphones,school uniform

女僕頭飾 maid_headdress

詞語解析： 女僕頭飾是女僕的重要標誌之一

提示詞： portrait,face to camera, maid_ headdress,1girl, school uniform

新娘頭紗 bridal_veil

詞語解析： 新娘頭紗常由薄紗或蕾絲製成

提示詞： portrait,face to camera, bridal_veil,1girl,school uniform

頭帶 headband

詞語解析： 頭帶可以用於固定髮型、裝飾頭髮

提示詞： portrait,face to camera, headband,school uniform

頭冠 tiara

詞語解析： 頭冠是一種頭飾，通常由金屬、寶石等材料製成

提示詞： portrait,face to camera, tiara,school uniform

花環 head_wreath

詞語解析： 花環是一種環狀的裝飾物，通常由鮮花、絲帶等製成

提示詞： portrait,face to camera, head_wreath,1girl,school uniform

毛邊頭飾 fur-trimmed_headwear

詞語解析： 毛邊頭飾具有一條或多條毛茸茸的邊

提示詞： portrait,face to camera, fur-trimmed_headwear, school uniform

頭巾 bandana

詞語解析： 頭巾是一種用於包裹頭部的布製物品

提示詞： portrait, face to camera, bandana,school uniform

髮圈 hair_bobbles

詞語解析： 髮圈是一種用於束起頭髮的彈性繩

提示詞： portrait,face to camera, hair_bobbles,1girl,school uniform

x 髮飾 x_hair_ornament

詞語解析： X 髮飾可以很好地固定住部分頭髮

提示詞： portrait,face to camera, x_hair_ornament,1girl, school uniform

褶邊髮帶 frilled_hairband

詞語解析： 褶邊髮帶通常由織物材料製成，具有褶皺的設計

提示詞： portrait, face to camera, frilled_hairband,1girl, school uniform

蕾絲邊髮帶 lace-trimmed_hairband

詞語解析： 蕾絲邊髮帶是指由織物和蕾絲製成的較寬的帶狀髮帶

提示詞： portrait,face to camera, lace-trimmed_hairband, 1girl,school uniform

蝴蝶髮飾 butterfly_hair_ornament

詞語解析： 蝴蝶髮飾是一種以蝴蝶為設計元素的飾品

提示詞： portrait,face to camera,
butterfly_hair_ornament,
1girl,school uniform

青蛙髮飾 frog_hair_ornament

詞語解析： 青蛙髮飾是一種以青蛙為設計元素的飾品

提示詞： portrait,face to camera,
frog_ hair_ornament,
1girl,school uniform

星星髮飾 star_hair_ornament

詞語解析： 星星髮飾是一種以星星形狀為設計元素的飾品

提示詞： portrait,face to camera,
star_hair_ornament,1girl,
school uniform

心形髮飾 heart_hair_ornament

詞語解析： 心形髮飾可以是髮夾、髮繩、髮箍、髮帶等形式

提示詞： portrait,face to camera,
heart_ hair_ornament,
1girl,school uniform

錨形髮飾 anchor_hair_ornament

詞語解析： 錨形髮飾是一種以錨為設計元素的飾品，通常採用金屬材質製作

提示詞： portrait,face to camera, anchor_hair_ornament, 1girl, school uniform

雪花髮飾 snowflake_hair_ornament

詞語解析： 雪花髮飾呈現出雪花的造型，多用於裝飾頭髮

提示詞： portrait,face to camera, snowflake_hair_ornament, 1girl,school uniform

蝙蝠髮飾 bat_hair_ornament

詞語解析： 蝙蝠髮飾是一種以蝙蝠及其翅膀為設計元素的飾品

提示詞： portrait,face to camera, bat_hair_ornament,1girl, school uniform

草莓髮飾 strawberry_hair_ornament

詞語解析： 草莓髮飾是一種以草莓形狀為設計元素的飾品，呈現出草莓的特徵

提示詞： portrait,face to camera, strawberry_hair_ornament, 1girl,school uniform

胡蘿蔔髮飾 carrot_hair_ornament

詞語解析： 胡蘿蔔髮飾呈現出胡蘿蔔的造型

提示詞： portrait,face to camera, carrot_hair_ornament, 1girl,school uniform

魚形髮飾 fish_hair_ornament

詞語解析： 魚形髮飾呈現出魚的形狀和特徵

提示詞： portrait,face to camera, fish_hair_ornament,1girl, school uniform

月牙髮飾 crescent_hair_ornament

詞語解析： 月牙髮飾呈現出月牙的造型，可以是髮夾、髮帶等形式

提示詞： portrait,face to camera, crescent_hair_ornament, 1girl, school uniform

葉子髮飾 leaf_hair_ornament

詞語解析： 葉子髮飾呈現出葉片的形狀和特徵

提示詞： portrait,face to camera, leaf_hair_ornament,1girl, school uniform

向日葵髮飾 sunflower_hair_ornament

詞語解析： 向日葵髮飾是一種以向日葵為設計元素的飾品

提示詞： portrait,face to camera, sunflower_hair_ornament, 1girl,school uniform

髮夾 hairpin

詞語解析： 髮夾是一種用於固定和裝飾頭髮的飾品

提示詞： portrait,face to camera, hairpin,1girl,school uniform

大腸圈 hair_scrunchie

詞語解析： 大腸圈是一種用於紮頭髮的飾品

提示詞： portrait,face to camera, hair_scrunchie,1girl, school uniform

骷髏髮飾 skull_hair_ornament

詞語解析： 骷髏髮飾給人一種叛逆的感覺

提示詞： portrait,face to camera, skull_hair_ornament, 1girl,school uniform

十字髮飾 cross_hair_ornament

詞語解析： 十字髮飾以十字形狀為設計元素

提示詞： portrait,face to camera, cross_hair_ornament, 1girl,school uniform

兔子飾品 bunny_hair_ornament

詞語解析： 包括兔子耳朵形狀的頭飾，兔子圖案的髮飾、髮夾等

提示詞： portrait,face to camera, bunny_hair_ornament, 1girl,school uniform

髮花 hair_flower

詞語解析： 髮花是一種裝飾頭髮的小花朵，可以增添人物的可愛

提示詞： portrait,face to camera, hair_ flower,1girl,school uniform

熊印花頭飾 bear_hair_ornament

詞語解析： 熊印花頭飾具有熊的外形特徵

提示詞： portrait,face to camera, bear_hair_ornament, 1girl,school uniform

貓頭鷹頭飾 owl_ornament

詞語解析： 貓頭鷹頭飾以貓頭鷹的特徵為設計元素

提示詞： portrait, face to camera, owl_ornament,1girl, school uniform

三角頭飾 triangular_headpiece

詞語解析： 三角頭飾是一種具有三角形形狀的頭飾

提示詞： portrait,face to camera, triangular_headpiece, 1girl,school uniform

魔女帽 witch_hat

詞語解析： 魔女帽是指一種具有尖頂和寬簷的帽子

提示詞： portrait,face to camera, witch_hat,1girl,school uniform

毛線帽 beanies

詞語解析： 由毛線編織而成的帽子，具有保暖效果

提示詞： portrait,face to camera, beanies,1girl,school uniform

小丑帽 jester_cap

詞語解析： 小丑帽的側邊常常會翻起

提示詞： portrait,face to camera,
jester_cap,school uniform

高頂禮帽 top_hat

詞語解析： 高頂禮帽具有高頂和寬簷
的特點

提示詞： portrait,face to camera,
top_hat,school uniform

圓頂禮帽 bowler_hat

詞語解析： 圓頂禮帽曾是英國紳士與
文化的象徵

提示詞： portrait,face to camera,
bowler_hat,school uniform

軍帽 military_hat

詞語解析： 軍帽是各國軍隊中軍人所
佩戴的帽子

提示詞： portrait,face to camera,
military_hat

貝雷帽 beret

詞語解析： 貝雷帽是一款圓形無簷軟帽

提示詞： portrait,face to camera, **beret**,school uniform

員警帽 police_hat

詞語解析： 員警帽的帽頂上會有警徽

提示詞： portrait,face to camera, **police_hat**

護士帽 nurse_cap

詞語解析： 護士帽是護士的工作帽，也是護理職業的象徵

提示詞： portrait,face to camera, **nurse_cap**

廚師帽 chef_hat

詞語解析： 廚師帽一般是高頂白色的

提示詞： portrait,face to camera, **chef_hat**

校帽 school_hat

詞語解析： 校帽通常是指學生戴的帽子，一般帶有學校標識或徽章

提示詞： portrait,face to camera, school_hat,school uniform

漁夫帽 bucket_hat

詞語解析： 漁夫帽的邊緣窄且小，可以遮陽、防風

提示詞： portrait,face to camera, bucket_hat,school uniform

海盜帽 pirate_hat

詞語解析： 海盜帽有寬而彎曲的簷，整個帽子呈三角形狀

提示詞： portrait,face to camera, pirate_hat,school uniform

安全帽 hardhat

詞語解析： 安全帽是一款用於保護頭部安全的帽子

提示詞： portrait,face to camera, hardhat,school uniform

草帽 straw_hat

詞語解析： 草帽一般是指用水草、席草等物編織而成的帽子，它有寬大的帽檐

提示詞： portrait, face to camera, straw_hat,school uniform

動物帽 animal_hat

詞語解析： 動物帽通常會模仿動物的頭部特徵，如動物的耳朵、眼睛等

提示詞： portrait,face to camera, animal_hat,school uniform

毛皮帽 fur_hat

詞語解析： 毛皮帽子使用動物的毛皮製作而成

提示詞： portrait,face to camera, fur_hat,school uniform

碗狀帽子 bowl_hat

詞語解析： 碗狀帽子類似於一個倒扣的碗，它具有較短的帽檐或沒有帽檐

提示詞： portrait,face to camera, bowl_hat,school uniform

帶有緞帶的帽子 hat_ribbon

詞語解析： 這種帽子裝飾性較強，通常在帽子上附有一條或多條緞帶

提示詞： portrait,face to camera, **hat_ribbon**,school uniform

南瓜帽 pumpkin_hat

詞語解析： 南瓜帽的外觀類似於南瓜

提示詞： portrait,face to camera, **pumpkin_hat**,school uniform

報童帽 cabbie_hat

詞語解析： 報童帽有一個小小的帽舌

提示詞： portrait,face to camera, **cabbie_hat**,school uniform

貓耳帽子 cat_hat

詞語解析： 貓耳帽子具有兩個模仿貓耳朵的裝飾物

提示詞： portrait,face to camera, **cat_hat**,school uniform

牛仔帽 cowboy_hat

詞語解析： 牛仔帽是一款具有西部牛仔風格的帽子，可以禦風擋雨

提示詞： portrait,face to camera, cowboy_hat,school uniform

帶有蝴蝶結的帽子 hat_bow

詞語解析： 通常在帽子的一側附有一個或多個蝴蝶結，裝飾性較強

提示詞： portrait,face to camera, hat_bow,school uniform

棒球帽 baseball_cap

詞語解析： 棒球帽是隨著棒球運動發展起來的，它通常具有硬帽檐

提示詞： portrait,face to camera, baseball_cap,school uniform

白色貝雷帽上的蝴蝶結 bowknot_over_white_beret

詞語解析： 是指白色貝雷帽上有蝴蝶結的

提示詞： portrait,face to camera, bowknot_over_white_beret,school uniform

水手帽 sailor_hat

詞語解析： 水手帽是一款圓頂，或帶有短而小的帽檐的帽子

提示詞： portrait,face to camera, sailor_hat,school uniform

帶有羽毛的帽子 hat_feather

詞語解析： 通常在帽子的一側或頂部裝飾有羽毛

提示詞： portrait,face to camera, hat_feather,school uniform

聖誕帽 santa_hat

詞語解析： 聖誕帽常用紅色絨布製成，呈圓錐形，有白色的毛球裝飾

提示詞： portrait,face to camera, santa_hat,school uniform

帶有花的帽子 hat_flower

詞語解析： 通常在帽子的一側或周圍裝飾有鮮花

提示詞： portrait,face to camera, hat_flower,school uniform

獸耳頭罩 animal_hood

詞語解析： 獸耳頭罩是一款帶有動物耳朵造型的頭罩或頭套

提示詞： portrait,face to camera, animal_hood,school uniform

獸角 horns

詞語解析： 獸角裝飾可以是各種動物的角，如鹿角、牛角、羊角等

提示詞： portrait,face to camera, horns,school uniform

鹿角 antlers

詞語解析： 鹿角裝飾通常呈鹿角狀

提示詞： portrait,face to camera, antlers,school uniform

山羊角 goat_horns

詞語解析： 山羊角裝飾通常呈彎曲的山羊角形狀

提示詞： portrait,face to camera, goat_horns,school uniform

龍角 dragon_horns

詞語解析： 龍角裝飾可以是虛構的長而彎曲的龍角

提示詞： portrait,face to camera, dragon_horns,school uniform

鬼角 oni_horns

詞語解析： 鬼角是一種虛構的鬼形象的角狀裝飾物

提示詞： portrait,face to camera, oni_horns,school uniform

頭上有動物 animal_on_head

詞語解析： 頭上有動物是指在頭部位置裝飾有動物形象或動物元素的物品

提示詞： portrait,face to camera, animal_on_head,school uniform

頭上有鳥 bird_on_head

詞語解析： 頭上有鳥是指頭部裝飾有鳥的形象或鳥類元素

提示詞： portrait,face to camera, bird_on_head,school uniform

頭上趴著貓 cat_on_head

詞語解析： 頭上趴著貓是指頭上有一隻貓的形象作為裝飾物

提示詞： portrait,face to camera, cat_on_head,school uniform

頭鰭 head_fins

詞語解析： 頭鰭是以動物的鰭為元素而設計的頭飾

提示詞： portrait,face to camera, head_fins,school uniform

光環 halo

詞語解析： 光環常與神聖、美麗和榮耀等意象相關聯

提示詞： portrait,face to camera, halo,school uniform

頭上有翅膀 head_wings

詞語解析： 頭上有翅膀是指在頭部或頭髮上裝飾有翅膀形狀的元素

提示詞： portrait,face to camera, head_wings,school uniform

裝飾性頭飾 headpiece

詞語解析： 裝飾性頭飾可以採用不同的材質來增添個人風格

提示詞： portrait,face to camera, headpiece,school uniform

頭飾 headgear

詞語解析： 頭飾是一種裝飾性的物品，用來塑造各種人物風格

提示詞： portrait,face to camera, headgear,school uniform

頭戴顯示裝置 head_mounted_display

詞語解析： 指戴在頭部的一種虛擬實境頭盔或擴增實境眼鏡

提示詞： portrait,face to camera, head_mounted_display, school uniform

蒙眼 blindfold

詞語解析： 蒙眼是指一種遮擋眼睛的行為

提示詞： portrait,face to camera, blindfold,school uniform

眼罩 eyepatch

詞語解析： 眼罩是一種起到保護眼睛或遮擋作用的物品，可作為一種特殊的裝飾物

提示詞： portrait,face to camera, eyepatch,school uniform

口罩 mouth_mask

詞語解析： 口罩是一種用於遮蓋口鼻的面部保護物品

提示詞： portrait,face to camera, mouth_mask,school uniform

骷髏面具 skull_mask

詞語解析： 具有白色骷髏頭骨的圖案

提示詞： portrait,face to camera, skull_mask,school uniform

鳥面具 bird_mask

詞語解析： 鳥面具通常以鳥的外形特徵作為設計元素

提示詞： portrait,face to camera, bird_mask,school uniform

馬面具 horse_mask

詞語解析： 馬面具以馬的面部特徵作為設計元素

提示詞： portrait,face to camera, horse_mask,school uniform

狐狸面具 fox_mask

詞語解析： 狐狸面具以狐狸的外形特徵作為設計元素

提示詞： portrait,face to camera, fox_mask,school uniform

鬼面具 oni_ ma sk

詞語解析： 鬼面具通常具有嚇人的外觀，包括惡狠狠的嘴巴、扭曲的表情等

提示詞： portrait,face to camera, oni_mask,school uniform

天狗面具 tengu_mask

詞語解析： 日本神話傳說中的一種生物，其最大的特徵是一張赤紅色的臉和一個長長的鼻子

提示詞： portrait,face to camera, tengu_mask,school uniforr

人物動作

第5章

人物動作一般分為日常動作和戰鬥動作。日常動作包括走路、跑步、跳躍、揮手等平常的生活動作，通過肢體動作和身體語言等細節來打造與角色個性相符的動態形象。戰鬥動作是動漫作品中常見的元素，通過創造各種獨特的戰鬥動作，如拳擊、跳躍、躲避等，展示角色的戰鬥技能。

人物動作

人物動作是通過各種姿態來表現的，以展示人物的個性特點及推動故事情節的發展。

動勢和姿態

這是塑造人物形象的重要元素，它們可以表達出角色的不同情感和心理狀態。

行走和奔跑

行走和奔跑是最基本的動作，它們可以很好地展示角色的活力、速度和力量。不同的角色可能有不同的行走和奔跑風格，如輕盈、靈活的女性角色和沉穩、有力的男性角色。

攻擊和戰鬥動作

在動漫作品中經常出現戰鬥場景，角色的攻擊和戰鬥動作能夠展示其戰鬥技巧和特殊能力。這包括近身格鬥、武器格鬥、特殊能力使用等動作，通過流暢而有力的動作，增加戰鬥場景的緊張感和視覺效果。

表演和互動動作

人物還會進行各種表演和互動動作，如舞蹈、手勢、交談等，這些動作能夠很好地展示角色的個性特點、情感狀態及社交能力。

站立 standing

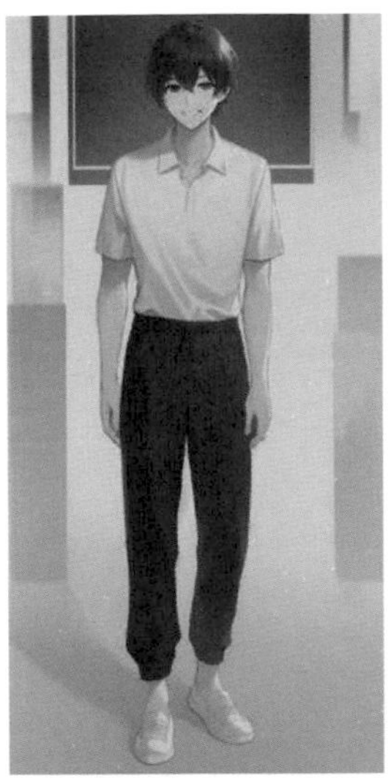
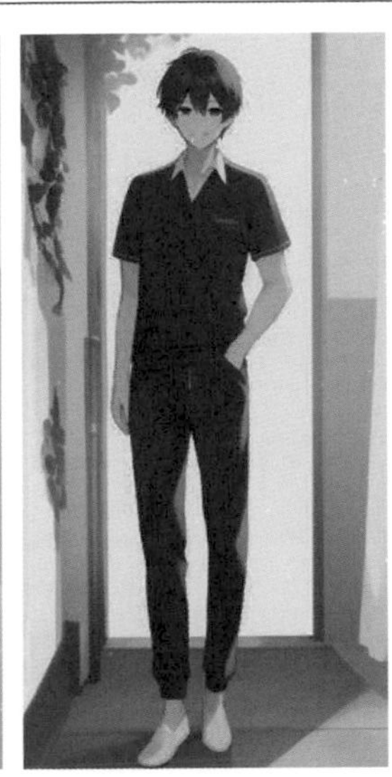

詞語解析： 站立是指身體直立，重心位於雙腳之間的姿勢

提示詞： 4k,best quality,masterpiece,standing,school uniform, full body,smile

躺 on back

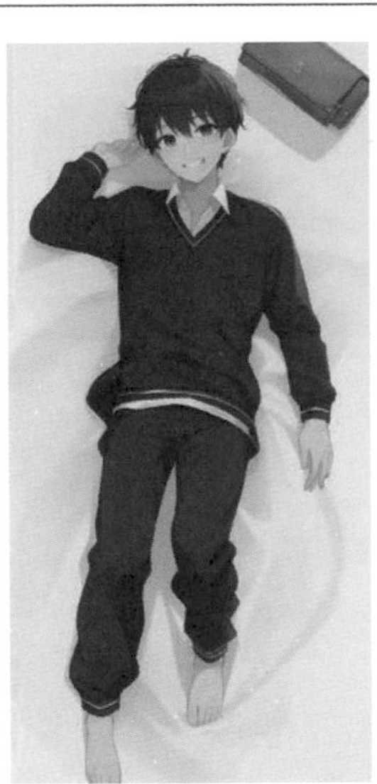

詞語解析： 躺是指將身體平放在一個水準的表面上，通常是指仰臥或側臥的姿勢

提示詞： 4k,best quality,masterpiece,on back,school uniform, full body,smile

趴 on stomach

詞語解析： 趴是指人物面部朝下，胸部和腹部貼近地面的姿勢

提示詞： 4k,best quality,masterpiece,**on stomach**,school uniform, full body,1girl,smile

跪 kneeling

詞語解析： 跪是指雙膝著地，上半身保持直立或微微前傾的姿勢

提示詞： 4k,best quality,masterpiece,**kneeling**,school uniform, full body,1girl,smile

側臥 on_side

詞語解析： 側臥是指身體側躺在水平面上

提示詞： 4k,best quality,masterpiece,on_side,school uniform, full body,1girl,smile

趴在地上並蹺起腳 the_pose

詞語解析： 這個描述是指身體趴在地面上，同時抬起或蹺起腿部

提示詞： 4k,best quality,masterpiece,the_pose,school uniform, full body,1girl,smile

身體前傾 leaning_forward

詞語解析： 身體前傾是指身體向前傾斜

提示詞： 4k,best quality,masterpiece,leaning_forward,school uniform, full body,1girl,smile

靠在一邊 leaning_to_the_side

  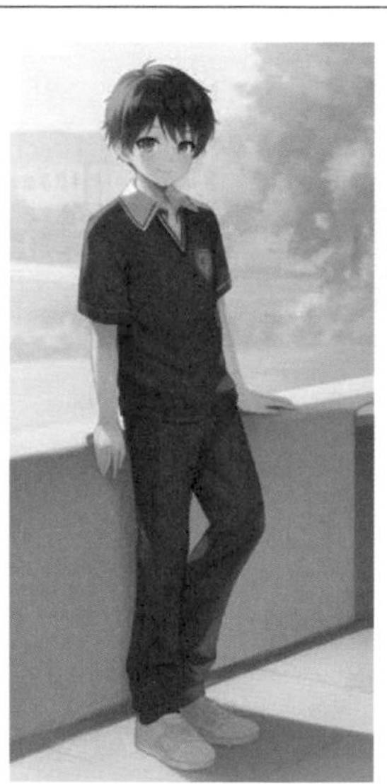 

詞語解析： 靠在一邊是指身體倚靠在某物或某人的一側

提示詞： 4k,best quality,masterpiece,leaning_to_the_side,school uniform, full body,smile

向一側傾斜身體 leaning to the side

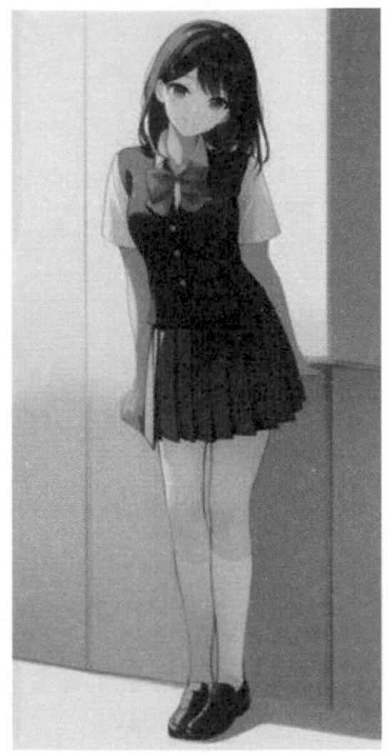

詞語解析： 向一側傾斜身體是指身體向一個方向傾斜，同時還保持整體的平衡

提示詞： 4k,best quality,masterpiece,leaning to the side,school uniform,1girl,full body,smile

靠在物體上 leaning_on_object

詞語解析： 靠在物體上是指將身體緊貼或倚靠在某物上

提示詞： 4k,best quality,masterpiece,leaning_on_object,school uniform, full body,smile

手插在口袋裡 hand_in_pocket

詞語解析： 手插在口袋裡是指將手放置在衣物的口袋中

提示詞： 4k,best quality,masterpiece,hand_in_pocket,school uniform,full body,smile

叉腰 hands_on_hips

詞語解析： 叉腰是指將雙手緊按在腰旁

提示詞： 4k,best quality,masterpiece,hands_on_hips,school uniform,full body,1girl,smile

雙手抬起 hands_up

詞語解析： 雙手抬起是指將兩隻手同時抬起

提示詞： 4k,best quality,masterpiece,hands_up,school uniform,full body,1girl,smile

招手 waving

詞語解析： 招手是指手部做出揮動的動作，通常是向他人示意或打招呼

提示詞： 4k,best quality,masterpiece,waving,school uniform,full body,smile

舉起雙臂 arms_up

詞語解析： 舉起雙臂是指將雙臂從身體兩側抬高

提示詞： 4k,best quality,masterpiece,arms_up,school uniform,full body,1girl,smile

手埋進頭髮裡 hand_in_hair

詞語解析： 手埋進頭髮裡是指將手插入頭髮中，通常用於表達緊張、焦慮、猶豫或害羞的情感

提示詞： 4k,best quality,masterpiece,hand_in_hair,school uniform,full body,1girl,smile

優雅地提裙子 skirt_hold

詞語解析： 優雅地提裙子是指以優雅的方式將裙子提起

提示詞： 4k,best quality,masterpiece,skirt_hold,school uniform,full body,1girl,smile

蹲下 squatting

詞語解析： 蹲下是指屈膝使身體保持低姿態的動作

提示詞： 4k,best quality,masterpiece,squatting,school uniform,full body,1girl,smile

斜倚 reclining

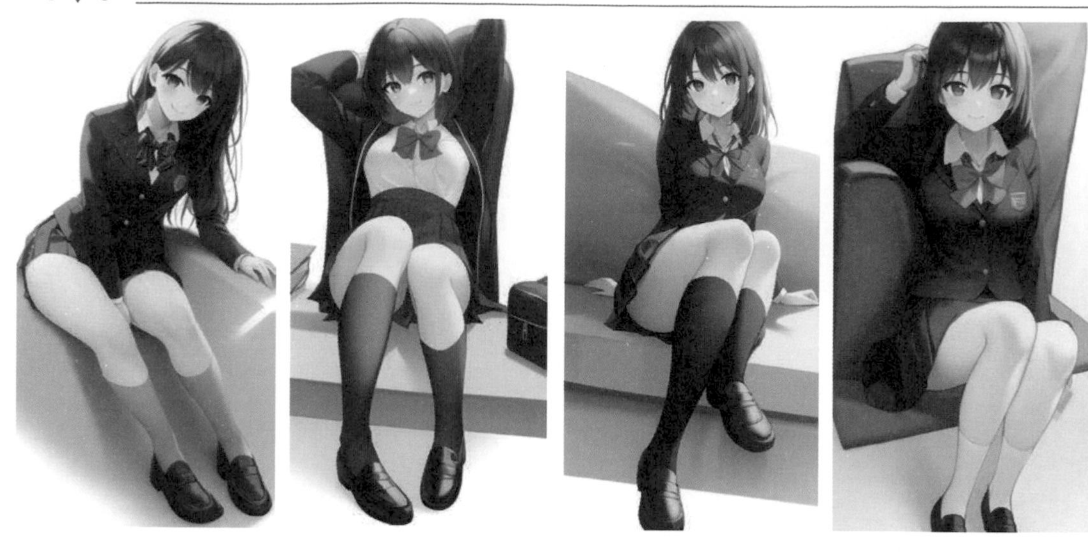

詞語解析： 斜倚是指身體向一側傾斜

提示詞： 4k,best quality,masterpiece,reclining,school uniform, full body,1girl,smile

身體往後靠 leaning_back

詞語解析： 身體往後靠是指將身體向後傾斜或傾靠

提示詞： 4k,best quality,masterpiece,leaning_back,school uniform, full body,smile

手托著頭 head_rest

詞語解析： 手托著頭是指用手掌支撐住頭部

提示詞： 4k,best quality,masterpiece,head_rest,school uniform,full body,1girl,smile

吸吮手指 finger_sucking

詞語解析： 吸吮手指是指將手指放入口中

提示詞： 4k,best quality,masterpiece,finger_sucking,school uniform,full body,1girl,smile

萌向的內八腿 pigeon-toed

詞語解析： 萌向內八是指人在站立時膝蓋向內並靠近，形成腿部向內收攏的姿勢

提示詞： 4k,best quality,masterpiece,pigeon-toed,school uniform,full body,1girl,smile

衣服滑落 cloth_slip

詞語解析： 衣服滑落是指外套或肩帶式衣物從肩膀處滑落下來

提示詞： 4k,best quality,masterpiece,cloth_slip,school uniform,full body,1girl,smile

泡腳 soaking_feet

詞語解析： 泡腳是指將腳浸泡在水中

提示詞： 4k,best quality,masterpiece,soaking_feet,school uniform,full body,1girl,smile

裸足 barefoot

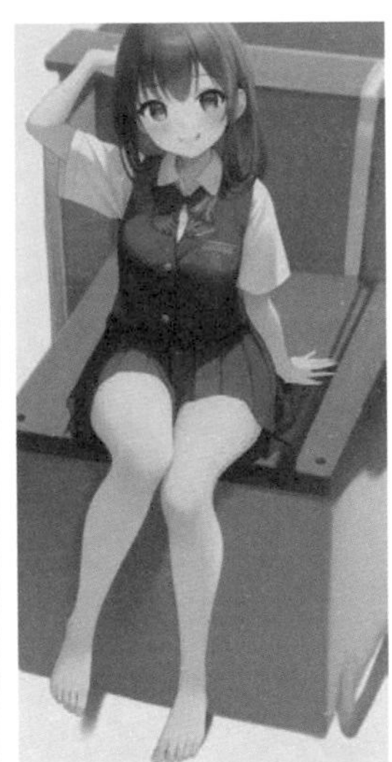

詞語解析： 裸足是指人物沒有穿著鞋襪

提示詞： 4k,best quality,masterpiece,barefoot,school uniform,full body,1girl,smile

二郎腿 crossed_legs

詞語解析： 二郎腿是指將一條腿交叉放在另一條腿上

提示詞： 4k,best quality,masterpiece,crossed_legs,school uniform,full body,1girl,smile

擺姿勢 posing

詞語解析： 擺姿勢是指為了表達某種意圖而特意調整身體姿勢

提示詞： 4k,best quality,masterpiece,posing,school uniform, full body,1girl,smile

修長的腿 long_legs

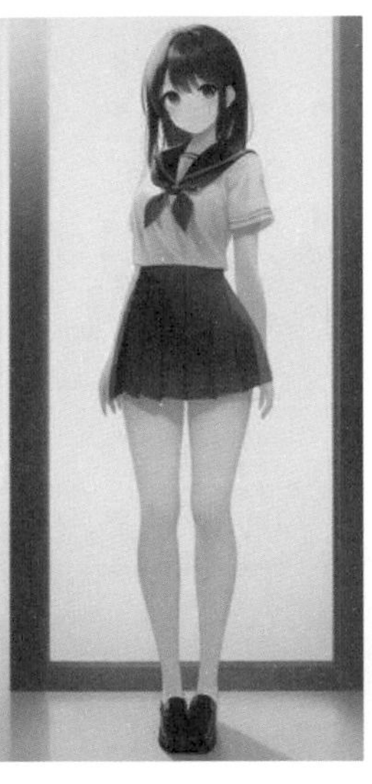

詞語解析： 修長的腿是指長而纖細的腿部

提示詞： 4k,best quality,masterpiece,long_legs,school uniform,full body,1girl,smile

兩腿併攏 legs_together

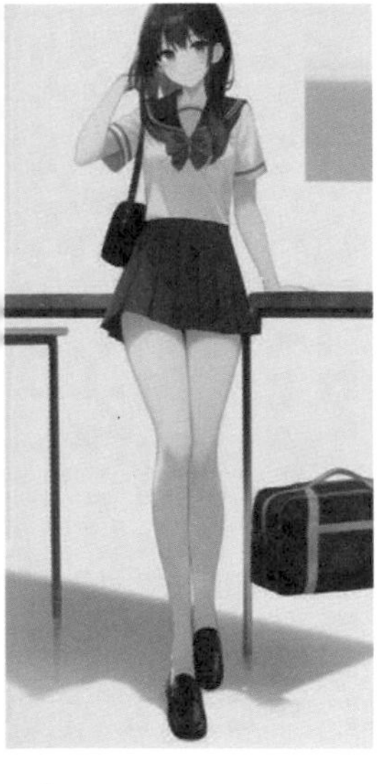

詞語解析： 兩腿併攏是指將兩條腿緊緊地並在一起

提示詞： 4k,best quality,masterpiece,legs_together,school uniform,full body,1girl,smile

追逐 chasing

詞語解析： 追逐是指追趕或追捕某人或某物

提示詞： 4k,best quality,masterpiece,chasing,school uniform, full body,1girl,smile

攀爬 climbing

詞語解析： 攀爬是指抓住東西往上爬

提示詞： 4k,best quality,masterpiece,climbing,school uniform, full body

旋轉 spinning

詞語解析： 旋轉是指身體圍繞某個中心點或軸線進行旋轉運動

提示詞： 4k,best quality,masterpiece,spinning,school uniform, full body,1girl,smile

飛踢 flying_kick

詞語解析： 飛踢是指將腳快速向前踢出，常用於攻擊對手或者進行防守

提示詞： 4k,best quality,masterpiece,flying_kick,school uniform,school uniform,full body,1girl,smile

戰鬥姿態 fighting_stance

詞語解析： 戰鬥姿態是指一種戰鬥或防禦的狀態

提示詞： 4k,best quality,masterpiece,**fighting_stance**,school uniform, full body,1girl,smile

跳舞 dancing

詞語解析： 跳舞是指以音樂為伴，通過身體動作來表達自己的情感

提示詞： 4k,best quality,masterpiece,**dancing**,school uniform,full body,1girl,smile

吹 blowing

詞語解析： 吹是指合攏嘴唇用力出氣的動作

提示詞： 4k,best quality,masterpiece,blowing,school uniform, full body,1girl,smile

吹泡泡 bubble_blowing

詞語解析： 吹泡泡是人人都非常喜歡的一類遊戲

提示詞： 4k,best quality,masterpiece,bubble_blowing,school uniform, full body,1girl,smile

咬 biting

詞語解析： 咬是指用牙齒來咬住物體

提示詞： 4k,best quality,masterpiece,biting,school uniform, full body,1girl,smile

吃 eating

詞語解析： 吃是指咀嚼和吞嚥的一個過程

提示詞： 4k,best quality,masterpiece,eating,school uniform,full body,1girl,smile

喝 drinking

詞語解析： 喝是指攝入液體的一個過程

提示詞： 4k,best quality,masterpiece,drinking,school uniform,full body,smile

浴後擦乾 drying

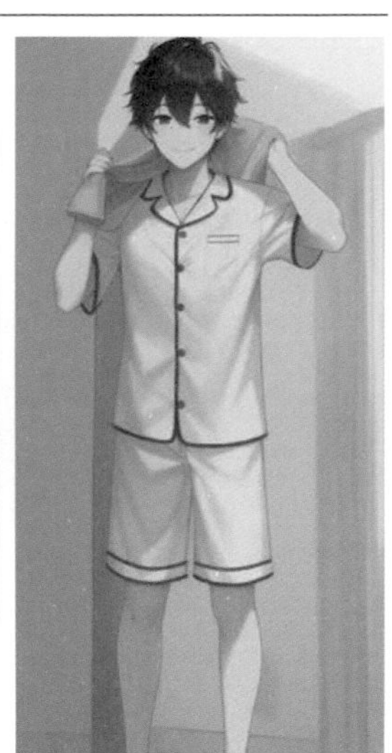

詞語解析： 浴後擦乾是指在洗完澡後，使用毛巾將身體或頭髮擦乾

提示詞： 4k,best quality,masterpiece,drying,school uniform,full body,male,smile

哭 crying

詞語解析： 哭是指人因悲傷或激動而流出眼淚

提示詞： 4k,best quality,masterpiece,**crying**,school uniform, full body,smile

擦眼淚 wiping_tears

詞語解析： 擦眼淚是指用手或紙巾輕輕地拭去眼淚

提示詞： 4k,best quality,masterpiece,**wiping_tears**,school uniform,full body,1girl,smile

敬禮 salute

詞語解析： 敬禮是一種表示尊敬或致意的動作

提示詞： 4k,best quality,masterpiece,salute,school uniform,full body,smile

擁抱 cuddling

詞語解析： 擁抱是指緊緊地抱住某人或某物，表達親密、關愛的情感

提示詞： 4k,best quality,masterpiece,cuddling,school uniform, full body,smile

拖拽 dragging

詞語解析： 拖拽是指用力將物體拉動或拖動

提示詞： 4k,best quality,masterpiece,dragging,school uniform,full body,smile

打掃 cleaning

詞語解析： 打掃是指清理某個區域

提示詞： 4k,best quality,masterpiece,cleaning,school uniform, full body,1girl,smile

對著玻璃 against_glass

詞語解析： 對著玻璃是指面對玻璃或靠近玻璃的某個姿勢

提示詞： 4k,best quality,masterpiece,against_glass,school uniform, full body,1girl,smile

烹飪 cooking

詞語解析： 烹飪是指準備食物後將食材進行加工

提示詞： 4k,best quality,masterpiece,cooking,school uniform, full body,smile

釣魚 fishing

詞語解析： 釣魚是一種休閒活動，使用到的主要工具有釣竿、魚餌等

提示詞： 4k,best quality,masterpiece,fishing,school uniform,full body,1girl,smile

踢足球 soccer

詞語解析： 踢足球是一項流行的體育運動，目標是將足球踢進對方的球門以獲得分數

提示詞： 4k,best quality,masterpiece,soccer,school uniform,1girl,full body,smile

購物 shopping

詞語解析： 購物是指購買貨品或服務

提示詞： 4k,best quality,masterpiece,shopping,full body,smile

瞄準 aiming

詞語解析： 瞄準是指將目光或注意力集中在目標上，準備進行精準的射擊

提示詞： 4k,best quality,masterpiece,aiming,school uniform,full body,1girl,smile

射擊 firing

詞語解析： 射擊是指使用槍械、弓箭或其他射擊武器向目標發射子彈、箭矢或其他投射物的行為

提示詞： 4k,best quality,masterpiece,firing,school uniform,full body,smile

雙持 dual_wielding

詞語解析： 雙持是指使用兩隻手同時拿著或操作兩個物體或工具

提示詞： 4k,best quality,masterpiece,dual_wielding,school uniform,full body,1girl,smile

戰鬥 fighting

詞語解析： 戰鬥是指在戰鬥或搏鬥時所採取的身體姿勢或體位

提示詞： 4k,best quality,masterpiece,fighting,school uniform,full body,1girl,smile

噴火 breathing_fire

詞語解析： 噴火是指從口中或其他噴火器中噴射出火焰或火花

提示詞： 4k,best quality,masterpiece,breathing_fire,school uniform, full body,1girl,smile

浮在水上 afloat

詞語解析： 浮在水上是指身體在水中漂浮或懸浮，不沉沒於水中

提示詞： 4k,best quality,masterpiece,afloat,school uniform, full body,smile

躺在湖面上 lying_on_the_lake

詞語解析： 躺在湖面上是指身體平躺在湖水的表面上

提示詞： 4k,best quality,masterpiece,lying_on_the_lake,school uniform, full body,smile

做夢 dreaming

詞語解析： 做夢是指在睡眠過程中經歷的虛構場景、圖像和故事

提示詞： 4k,best quality,masterpiece,dreaming,school uniform,full body,1girl,smile

流血 bleeding

詞語解析： 流血是指血液從破損的血管或傷口中流出

提示詞： 4k,best quality,masterpiece,bleeding,school uniform, full body,1girl

扶眼鏡 adjusting_eyewear

詞語解析： 扶眼鏡是指用手輕輕地調整眼鏡框，使其處於適當的位置

提示詞： 4k,best quality,masterpiece,adjusting_eyewear,school uniform,full body,1girl,smile

舉重 weightlifting

詞語解析： 舉重是一項重量訓練，通過提起或推舉舉重杠鈴或啞鈴來鍛煉身體

提示詞： 4k,best quality,masterpiece,weightlifting,school uniform,full body,1girl,smile

抱著動物 holding_animal

詞語解析： 抱著動物是指將動物緊緊地抱在懷中或摟於雙臂之中

提示詞： 4k,best quality,masterpiece,holding_animal,school uniform,full body,smile

端著碗 holding_bowl

詞語解析： 端著碗是指用手托住碗或盛物的容器，並保持平衡

提示詞： 4k,best quality,masterpiece,holding_bowl,school uniform,full body,1girl,smile

拿著盒子 holding_box

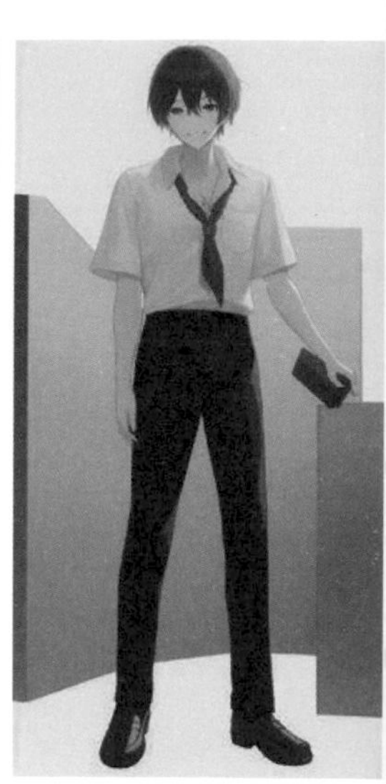

詞語解析： 拿著盒子是指用手握住或托住盒子

提示詞： 4k,best quality,masterpiece,holding_box,school uniform,full body,smile

打撲克牌 playing_card

詞語解析： 打撲克牌是指參加玩撲克牌的遊戲

提示詞： 4k,best quality,masterpiece,playing_card,school uniform,full body,1girl,smile

拿著球 holding_ball

詞語解析： 拿著球是指用手握住球並保持控制

提示詞： 4k,best quality,masterpiece,**holding_ball**,school uniform,full body,1girl,smile

拿著玩偶 holding_doll

詞語解析： 拿著玩偶是指用手握住或抱住玩偶

提示詞： 4k,best quality,masterpiece,**holding_doll**,school uniform,full body,1girl,smile

拿著箭 holding_arrow

詞語解析： 拿著箭是指用手握住箭矢

提示詞： 4k,best quality,masterpiece,holding_arrow,school uniform,full body,1girl,smile

拿著泳圈 holding_innertube

詞語解析： 拿著泳圈是動漫作品中常見的動作

提示詞： 4k,best quality,masterpiece,holding_innertube,school uniform,full body,1girl,smile

拿著瓶子 holding_bottle

詞語解析： 拿著瓶子是指用手握住瓶子

提示詞： 4k,best quality,masterpiece,holding_bottle,school uniform,full body,1girl,smile

拿著花 holding_flower

詞語解析： 拿著花是指用手握住花朵或花束

提示詞： 4k,best quality,masterpiece,holding_flower,school uniform,full body,smile

拿著樂器 holding_instrument

詞語解析： 這種動作常見於樂器演奏或音樂表演中

提示詞： 4k,best quality,masterpiece,**holding_instrument**,school uniform,full body,smile

拿著食物 holding_food

詞語解析： 拿著食物是指用手拿住食物並保持不掉落

提示詞： 4k,best quality,masterpiece,**holding_food**,school uniform,full body,smile

拿著樹葉 holding_leaf

詞語解析： 這種動作常見於採集、觀察等活動中

提示詞： 4k,best quality,masterpiece,holding_leaf,school uniform,full body,smile

拿著棒棒糖 holding_lollipop

詞語解析： 拿著棒棒糖是指用手握住棒棒糖

提示詞： 4k,best quality,masterpiece,holding_lollipop,school uniform,full body,1girl,smile

拿著面具 holding_mask

詞語解析： 拿著面具是指用手握住面具

提示詞： 4k,best quality,masterpiece,holding_mask,school uniform,full body,smile

拿著麥克風 holding_microphone

詞語解析： 拿著麥克風是指用手握住麥克風，這種動作常見於演講、表演或錄音中

提示詞： 4k,best quality,masterpiece,holding_microphone,school uniform,full body,smile

手拿畫筆 holding_paintbrush

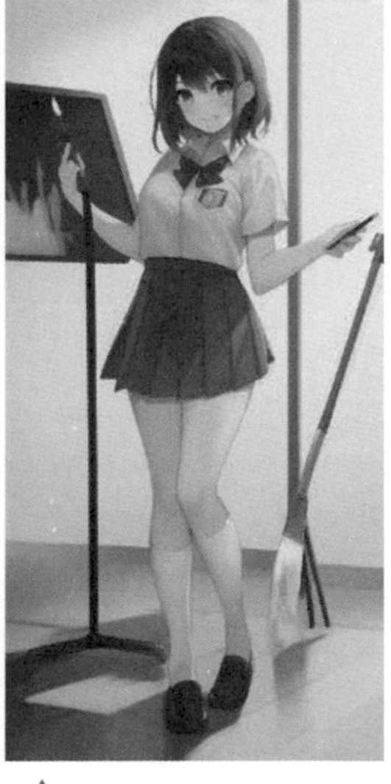

詞語解析： 手拿畫筆是指用手握住畫筆，通常見於繪畫等藝術創作中

提示詞： 4k,best quality,masterpiece,holding_paintbrush,school uniform,full body,smile

拿著手機 holding_phone

詞語解析： 拿著手機是指用手握住手機

提示詞： 4k,best quality,masterpiece,holding_phone,school uniform,full body,smile

抱著枕頭 holding_pillow

詞語解析： 抱著枕頭是指用手臂摟住枕頭

提示詞： 4k,best quality,masterpiece,holding_pillow,school uniform,full body,smile

拿著比薩 holding_pizza

詞語解析： 拿著比薩是指用手握住比薩

提示詞： 4k,best quality,masterpiece,holding_pizza,school uniform,full body,smile

拎著包 holding_sack

詞語解析： 拎著包是指用手提起包

提示詞： 4k,best quality,masterpiece,holding_sack,school uniform,full body,smile

手持鐮刀 holding_scythe

詞語解析： 手持鐮刀是指用手握住鐮刀

提示詞： 4k,best quality,masterpiece,holding_scythe,school uniform,full body,smile

手持盾牌 holding_shield

詞語解析： 手持盾牌是指用手握住盾牌，這種動作常見於戰鬥、防禦中

提示詞： 4k,best quality,masterpiece,holding_shield,school uniform,full body,smile

手持招牌 holding_sign

詞語解析： 手持招牌是指用手舉著招牌

提示詞： 4k,best quality,masterpiece,holding_sign,school uniform,full body,1girl,smile

閱讀 reading

詞語解析： 閱讀是指從書籍、文章、雜誌等視覺材料中獲取資訊和知識

提示詞： 4k,best quality,masterpiece,reading,school uniform,full body,smile

拿著湯勺 holding_spoon

詞語解析： 拿著湯勺是指用手握住湯勺

提示詞： 4k,best quality,masterpiece,holding_spoon,school uniform,full body,1girl,smile

手持法杖 holding_staff

詞語解析： 手持法杖是指用手握住法杖

提示詞： 4k,best quality,masterpiece,holding_staff,school uniform,full body,1girl,smile

抱著毛絨玩具 holding_stuffed_animal

詞語解析： 抱著毛絨玩具是指用雙臂緊緊摟住毛絨玩具並將其抱在懷中

提示詞： 4k,best quality,masterpiece,holding_stuffed_animal,school uniform,full body,smile

手持注射器 holding_syringe

詞語解析： 手持注射器是指用手握住注射器

提示詞： 4k,best quality,masterpiece,holding_syringe,school uniform,full body,smile

拿著毛巾 holding_towel

  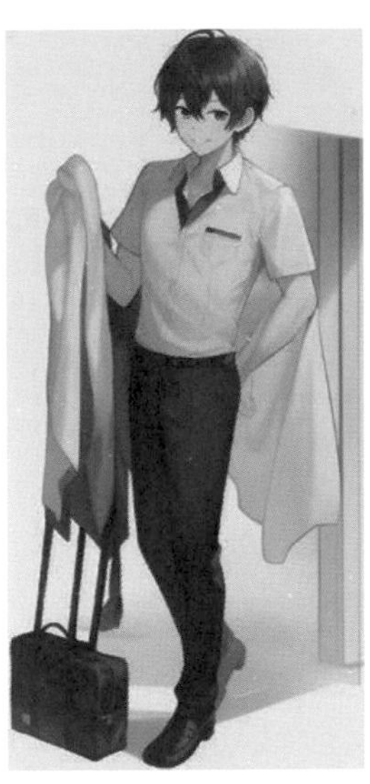 

詞語解析： 拿著毛巾是指手持毛巾這個動作

提示詞： 4k,best quality,masterpiece,holding_towel,school uniform,full body,smile

托著盤子 holding_tray

詞語解析： 托著盤子這個動作常見於餐廳等場景中

提示詞： 4k,best quality,masterpiece,holding_tray,school uniform,full body,1girl,smile

撐傘 holding_umbrella

詞語解析： 撐傘是指用手持住傘柄並將傘展開

提示詞： 4k,best quality,masterpiece,holding_umbrella,school uniform,full body,smile

提籃子 holding_basket

詞語解析： 提籃子是指用手握住籃子的柄，並將籃子提起

提示詞： 4k,best quality,masterpiece,**holding_basket**,school uniform,full body,1girl,smile

手持杯子 holding_cup

詞語解析： 手持杯子是指用手握住杯子

提示詞： 4k,best quality,masterpiece,**holding_cup**,school uniform,full body,smile

手持卡片 holding_card

詞語解析： 手持卡片是指用手拿捏住卡片，通常用於展示、傳遞或讀取卡片上的資訊

提示詞： 4k,best quality,masterpiece,holding_card,school uniform,full body,1girl,smile,

手持旗幟 holding_flag

詞語解析： 手持旗幟是指用手握住旗幟

提示詞： 4k,best quality,masterpiece,holding_flag,school uniform,full body,smile

拿扇子 holding_fan

詞語解析： 拿扇子是指用手持住扇子

提示詞： 4k,best quality,masterpiece,holding_fan,school uniform,full body,1girl,smile

拿水果 holding_fruit

詞語解析： 拿水果是指用手持住水果

提示詞： 4k,best quality,masterpiece,holding_fruit,school uniform,full body,smile

手拿攝像機 holding_camera

詞語解析： 手拿攝像機是指用手持住攝像機，這種動作常見於拍攝或錄製視頻的活動中

提示詞： 4k,best quality,masterpiece,holding_camera,school uniform,full body,smile

助威 cheering

詞語解析： 助威是指通過口號或動作來支持或鼓舞某個人、某個團隊

提示詞： 4k,best quality,masterpiece,cheering,school uniform,full body,1girl,smile

貓爪手勢 cat_pose

詞語解析： 貓爪手勢是指將手彎曲成貓爪的樣子

提示詞： 4k,best quality,masterpiece,cat_pose,school uniform,full body,1girl,smile

單手摟著 arm_around_neck

詞語解析： 單手摟著是指用一隻手臂摟住他人

提示詞： 4k,best quality,masterpiece,arm_around_neck,school uniform,full body,smile

手上的鳥 bird_on_hand

詞語解析： 手上的鳥是指將手展開，讓鳥停留在手上

提示詞： 4k,best quality,masterpiece,bird_on_hand,school uniform,full body,1girl,smile

手持手電筒 flashlight

詞語解析： 手持手電筒是指用手握住手電筒，通常用於照亮暗處

提示詞： 4k,best quality,masterpiece,flashlight,school uniform,full body,smile

持手榴彈 grenade

詞語解析： 持手榴彈是指用手握住手榴彈

提示詞： 4k,best quality,masterpiece,grenade,school uniform,full body,smile

手持鏡子 hand_mirror

詞語解析： 這個動作通常用於觀察自己的面部，並進行化妝

提示詞： 4k,best quality,masterpiece,hand_mirror,school uniform,full body,1girl,smile

手上套著玩偶 hand_puppet

詞語解析： 手上套著玩偶是指將玩偶戴在手上

提示詞： 4k,best quality,masterpiece,hand_puppet,school uniform,full body,1girl,smile

整理帽子 adjusting_hat

詞語解析： 整理帽子是指用手調整帽子的位置、角度或形狀，以確保帽子的外觀

提示詞： 4k,best quality,masterpiece,adjusting_hat,school uniform,full body,1girl,smile

手提包 handbag

詞語解析： 手提包是一款隨身攜帶以裝輕便東西的提包

提示詞： 4k,best quality,masterpiece,handbag,school uniform,full body,smile

拿著手鼓 tambourine

詞語解析： 拿著手鼓是指用手持住手鼓

提示詞： 4k,best quality,masterpiece,tambourine,school uniform,full body,1girl,smile

駕駛 driving

詞語解析： 駕駛是指操控車輛或交通工具，使其按照所需的方向和速度行駛

提示詞： 4k,best quality,masterpiece,driving,school uniform,full body,smile

坐在樓梯上 sitting_on_stairs

詞語解析： 坐在樓梯上是指在樓梯的階梯上坐下來

提示詞： 4k,best quality,masterpiece,sitting_on_stairs,school uniform,full body,smile

坐在岩石上 sitting_on_rock

詞語解析： 坐在岩石上是指在岩石表面坐下來

提示詞： 4k,best quality,masterpiece,sitting_on_rock,school uniform,full body,1girl,smile

坐在床上 sitting_on_bed

詞語解析： 坐在床上是指在床上坐下來

提示詞： 4k,best quality,masterpiece,sitting_on_bed,school uniform,full body,1girl,smile

蝴蝶翅膀 butterfly_wings

詞語解析： 這是一個以蝴蝶翅膀為設計元素的裝飾物

提示詞： 4k,best quality,masterpiece,butterfly_wings,school uniform,full body,1girl,smile

迷你翅膀 mini_wings

詞語解析： 迷你翅膀是指相對較小的翅膀

提示詞： 4k,best quality,masterpiece,mini_wings,school uniform,full body,1girl,smile

仙女翅膀 fairy_wings

詞語解析： 仙女翅膀是指想像中仙女所擁有的翅膀

提示詞： 4k,best quality,masterpiece,fairy_wings,school uniform,full body,1girl,smile

大翅膀 large_wings

詞語解析： 大翅膀是指相對較大的翅膀，通常用於描述擁有巨大翅膀的生物或虛構角色

提示詞： 4k,best quality,masterpiece,large_wings,school uniform,full body,1girl,smile

公主抱 princess_carry

詞語解析： 公主抱是一種動作，通常指男主人公用雙臂將女主人公抱起

提示詞： 4k,best quality,masterpiece,princess_carry,full body

緊握雙手 interlocked fingers

詞語解析： 緊握雙手是指雙手緊緊地握在一起

提示詞： 4k,best quality,masterpiece,interlocked fingers,full body

MEMO

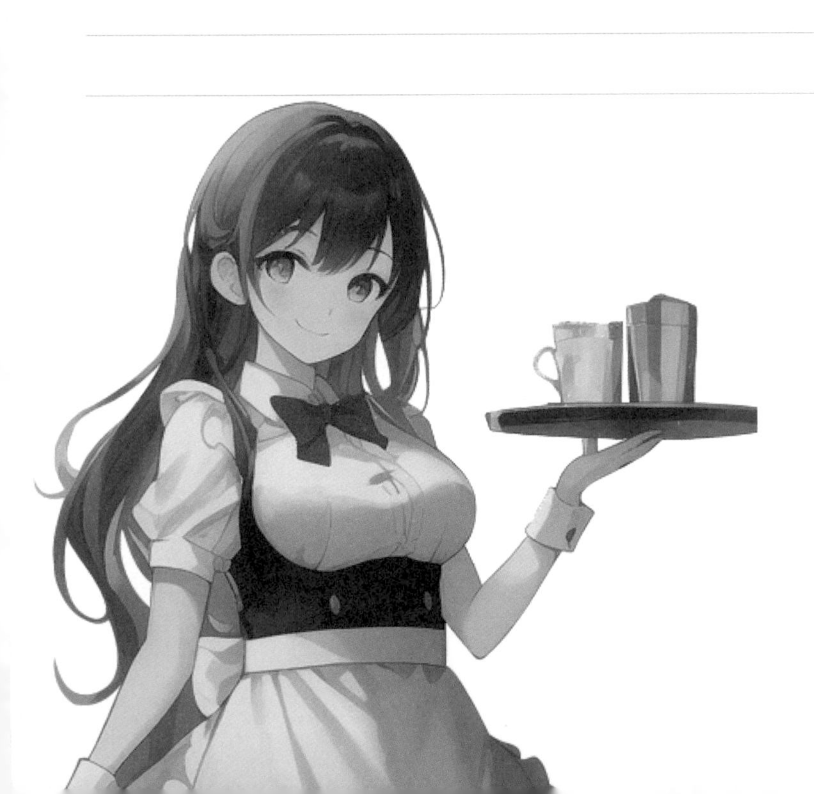

MEMO

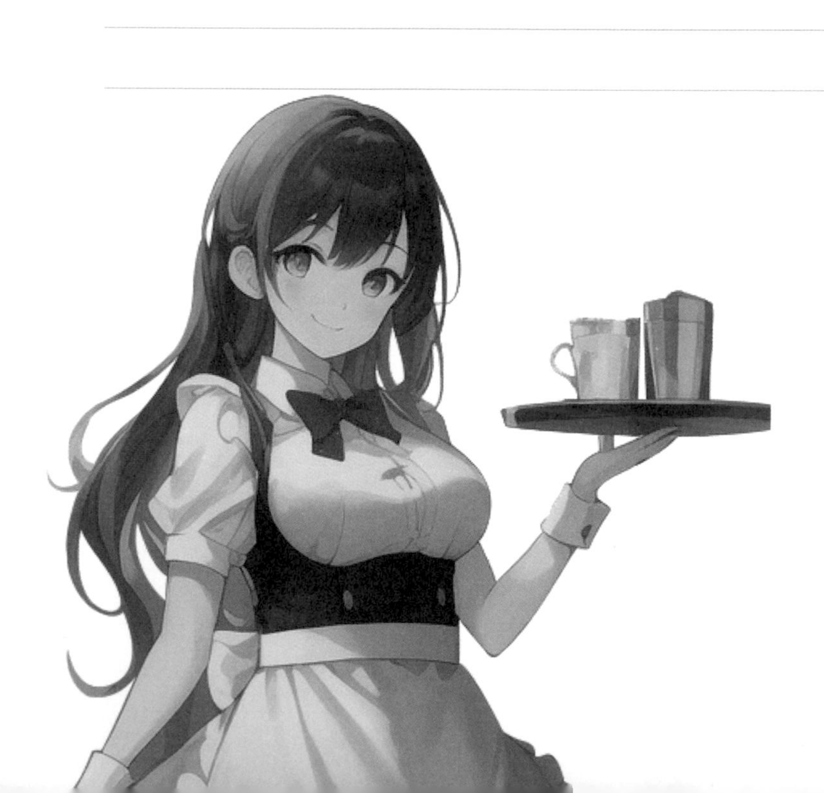